JN267853

月 写真集

NASA 協力
小尾信彌 訳著

朝倉書店

序

　月がなかったら，天文学の歴史はもちろん，人間の生活や歴史もずいぶん違っていたと考えられる．肉眼でも表面の模様がわかるほど大きく見える月は，満月でも太陽の50万分の1程度の明るさしかないが，昔の人たちには夜の照明としてわれわれの想像以上に重要なものであった．また規則正しく繰り返す満ち欠けは，時を測る規準として最も古いものであり，その運動には古代から特別な注意がはらわれてきた．そしてギリシア時代から，天体観測の技術や天体運動の理論に，測り知れない刺激を与えてきた．最近では，宇宙開発の目標として，米ソの宇宙競争を刺激した．実際1957年にソ連が最初の人工衛星を打ち上げてから，わずが20年ほどの間に宇宙開発がこれほどに進んだのは，月がそこにあったためである．スプートニクが打ち上げられてから，1969年7月にアポロ11号の2人の宇宙飛行士が「静の海」に足を踏みおろすまでの12年間，米ソの宇宙開発の全勢力は月に向けられていたといっても過言ではない．そして，アポロ11号の成功によって，宇宙時代にはひとつの幕がおろされた．しかしそれは，月研究の新しい時代の始まりでもあった．1972年12月に17号をもって終了するまでに，アポロ宇宙船による月周回軌道から撮影された月面写真とアポロ飛行士によって月面で撮影された写真，地震計群による観測をはじめとする多くの科学実験，そして地球へ持ち帰られた総計約387kgの月物質は，天文学の対象でしかなかったこれまでの月を，地球物理学や地形学，地質学や鉱物学の対象とした．また天文学にとっても，太陽系の起源を含む宇宙進化論に大きな役割を果たす具体的な天体とした．

　月の無人探測はこれからも行われようが，有人探測が行われることは当分ないと思われる．その意味でも，アポロ計画は人類の長い月研究におけるひとつの道標というべきものであり，アポロによる写真を中心とした月面写真集をまとめる意義があるものと考える．

　本書ではⅠ部において，ヘール天文台およびリック天文台で撮影した月面写真を集め，また月の天文学の概説を述べて，アポロによる月面写真の理解を深めることを目指した．Ⅱ部はＮＡＳＡ発行のLunar photographs from Apollos 8, 10, and 11の翻訳であり，Ⅲ部はＮＡＳＡ提供によるアポロ12〜17号の月面写真である．

　アポロ計画も20世紀における人類の大きな挙行としてすでに歴史の一部となり，今はその成果の上に月研究の新しい時代が着実に進んでいる．この写真集が，わが国における月研究の裾野を広げることを祈ってやまない．

　第Ⅱ部を訳するにあたっては，鉱物学の研究と教育に長い経験のある千葉大学講師浜田伸子博士の全面的な援助をいただいた．ここに厚く御礼申し上げたい．また，朝倉書店編集部の方々にも格別お世話になったことをお礼申し上げたい．

1978年3月

小　尾　信　彌

The moon has always been viewed as an orb of mystery, poetry, and speculation. Throughout time man has tried to imagine what secrets Earth's near neighbor held. With the advent of the telescope the moon could be studied more carefully and precisely.

By the time the crew of Apollo 8 orbited the moon in December, 1968, satellites had already been sent to explore the planet. Optical and radio instruments on Earth had scanned the surface and a great deal had already been discovered about Earth's moon.

Apollo 8 was the first mission to the moon. Apollo 10 was the dress rehearsal for the actual landing, and Apollo 11 was the first manned landing on another planet. The photographs in this book, taken by the Apollo 8, 10, and 11 crews, are significant not because they are extremely high resolution photographs of the moon, but because they were taken by man at the moon, not from the earth.

For man's understanding of the moon, and his solar system, these photographs marked the beginning of an entirely different era. The era was no longer of Earthman, but of Solar System Man. We are continuing in that era now, the fulfillment of a centuries-old dream of mankind -- to set his mark on the other planets.

Jack Schmitt
Apollo 17

日本語版への序

　月はいつの時代にあっても，神秘と詩と空想の世界として眺められてきた．そして人類はずっと，地球の隣人である月のもつ秘密を想像してきた．望遠鏡が出現してからは，月はそれまでよりも入念に，そして精緻に観察できるようになった．

　やがて1968年12月――それまでに既に月探測器は月に送りこまれていたが，アポロ8号の宇宙飛行士たちは月を周回した．それ以前に地球上にある光学望遠鏡や電波装置によって，地球の衛星である月の表面は詳細に調べられ，多くのことが既に見つけられていた．

　アポロ8号は初めての有人月周回飛行であった．アポロ10号は実際の着陸にあたっての仕上げのリハーサルであり，そしてアポロ11号は他の天体への最初の人類着陸であった．アポロ8号，10号，そして11号の宇宙飛行士たちによって撮影されたこの本の写真のかずかずは，それらがきわめて高解像の写真であるということからだけではなく，地球上から撮影されたものではない，月面あるいは月周辺における人間によって撮影されたものであるという意味で，意義深いものである．

　月への，そして太陽系への人類の理解にとって，これらの写真は全く異なる世紀への幕あけをしるしたものである．時代は，もはや"地球人"としてではなく，"太陽系人類"としての世紀へ入ったのである．

　われわれは今その時代にあって，他の天体にその足跡をしるすという人類の何世紀にもわたる夢の実現のために，努力を続けている．

前アポロ宇宙飛行士・上院議員
ハリソン　シュミット

目　次

I．月 の 天 文 学 …… 1
　　A．月 の 概 観 …… 9
　　B．月 の 満ち欠けと運動 …… 14
　　C．月 の 表 面 …… 22
　　D．月 の 直接探測 …… 36
　　E．月 の 構 造 …… 51
　　F．月面物質と月の歴史 …… 54

II．アポロ8，10，11号による月面写真 …… 61
　　　写真索引 …… 177

III．アポロ12〜17号による月面写真 …… 181

付録．月面図および着陸地点を示す月面写真 …… 209

I. 月の天文学

　月は地球の唯一つの天然の衛星であり，地球にもっとも近い天体である．太陽に次いで明るく見える月は，太陽とともに古代には崇拝の対象となっていた．視直径は太陽とほぼ同じで $0°.5$ であり，肉眼でも表面の模様がわかるほどであるが満月でもその明るさは太陽の約50万分の1しかない．しかし昔の人にとっては，夜の照明としてわれわれの想像以上に重要なものであった．また規則正しく繰り返す満ち欠けは，時を測る規準としてもっとも古いものであり，その満ち欠けや運動には古代から特別な注意がはらわれてきた（新月の日を1日，満月の日を15日と決めた暦が太陰暦である）．占星術をはじめ，地上の種々の現象を月の影響によるものとする説や迷信は現在でもみられるが，地上の現象のうちで月の直接の影響が明確なものは潮汐現象だけである．

月齢3日　　　　　　　　　　　　　　　　　　　　　月齢5日

写真 1　月齢による地球から見た月の変化（ヘール天文台，2.5m反射鏡）

月齢8日

写真2　月齢による地球から見た月の変化（ヘール天文台，2.5m反射鏡）

月齢11日

写真3　月齢による地球から見た月の変化（ヘール天文台，2.5m反射鏡）

月齢14日（満月）

写真4 月齢による地球から見た月の変化（ヘール天文台，2.5m反射鏡）

月齢17日

写真5　月齢による地球から見た月の変化（ヘール天文台，2.5m反射鏡）

月齢20日

写真6 月齢による地球から見た月の変化(ヘール天文台,2.5m反射鏡)

月齢23日   月齢26日

写真7　月齢による地球から見た月の変化（ヘール天文台，2.5m反射鏡）

A. 月 の 概 観

1. 距 離

　月のようにごく近距離にある天体の距離は，地球上の異なる二つの地点から同時に，恒星に対するその位置を観測することで決定することができる．そのような2地点からの測定は，地球の赤道半径（6,378 km）を基線として月が地平方向に見られる場合の視差，すなわち地平視差に引き直すことができる．

　地球からの平均距離にあるときの月の地平視差は$57'2''.62$である．（地球の赤道半径）/（地球と月の中心間の距離）＝sin（地平視差）であるから，地球と月の中心間の平均距離は，384,404 kmとなる．これは地球赤道半径の60.25倍であるが，この距離は月に次いで地球にもっとも近づく金星や火星の距離に比べて1％以下である．実際には地球と月の距離は，月の軌道が楕円（$e=0.055$）であることから，近地点における356,400 kmと遠地点における466,700 kmのあいだで変化する．地球と月の距離を，光は平均約1.28秒で達し，宇宙船は65～70時間で到達する．

　1946年に米陸軍通信隊は月に向けてレーダー・パルスを発射し，2.56秒後にその反射パルスを受信した．299,792.5 km/secという光速度を用いると，表面間の距離として383,734 kmの値が得られる．米海軍研究所の研究者が10 cmの電波を用いて1957年に測定して結果からは，地球と月の中心間の平均距離として1 kmの誤差で384,404 kmであった．

　1969年7月20日にアポロ11号宇宙飛行士が月面に設置したレーザー反射鏡を用い，リック天文台とマクドナルド天文台で行った実験に基づくと，測定時における距離は384,404.377 kmであり，誤差は1 mの程度であった．

2. 大きさと質量

　月の視直径は，ヒッパルカス（Hipparchus）が全黄道の1/720としていたように，昔から約$0°.5$であることが知られていた．月の距離が近いためにこの値は，地球上における観測者の位置，および軌道上における月の位置によって変化する．月の平均視直径の観測を地球中心からの値に引き直すと$31'5''.2$で，近地点と遠地点で$3'24''.8$の振幅がある．中心間の平均距離を用いると，月の半径は1,738 km（＝$0.272 R_\oplus$，$R_\oplus=6,378$ kmは地球の赤道半径）である．したがって月の体積は地球の約2.03％である．

　月の質量は，質量が知られている別の天体の運動への重力的影響から知られる．それには地球の公転運動，地球の自転運動，人工天体の運動が用いられる．地球は太陽のまわりを公転しているが，その軌道が楕円であるというのは正確ではない．太陽のまわりをほぼ楕円軌道で公転しているのは地球－月系の質量中心であって，地球と月はそれぞれこの質量中心のまわりを，その大きさが質量に逆比例する全く同じ形の軌道をまわるのである．したがって太陽のまわりの地球の軌道は楕円ではなく，質量中心のまわりに1恒星月の周期でよろめくのであり，月も同様である．そして，空間内における月の軌道は，太陽に対してつねに凹である．

　このよろめきのために，地球から見た天球上の天体の位置は，月がなかったとした場合に比べてわずかに東西にゆれる地球に近づく小惑星などの観測からこのずれを決定し，それから地球と月の質量比を求めると

$$m_\oplus / m_{\mathrm{C}} = 81.33 \pm 0.03$$

の値が得られる．地球の自転軸が太陽と月の重力によって歳差と章動を行うことからも，地球と月の質量比が求まるが，

あまり精度はよくない．

1960年代に入って，主として月ロケットなどの人工天体に対する月の摂動から，地球と月の質量比の値として

$$m_⊕/m_☾ = 81.303$$

という値が得られている．地球の質量（$m_⊕$）を$5.978×10^{27}$gとすると，月の質量は

$$m_☾ = 7.353×10^{25}g\ (=0.0123 m_⊕)$$

となる．

地球の質量と月の質量の比は，質量中心から地球の中心および月の中心までの距離の比に逆比例することから，上の比の値を用いると，地球−月系の質量中心と地球の中心間の距離は，

$$384,404\text{km} × \frac{1}{1+m_⊕/m_☾} = 4,671\text{km}$$

となる．すなわち，地球も月も地球表面から1,707km下にあるこの点のまわりを，約1か月の周期で回っているのである．

上で求めた質量と半径から月の平均密度を求めると，

$$\bar{\rho}_☾ = 3.34\ \text{g/cm}^3$$

となる．これは，地球の平均密度（5.54g/cm³）の約0.60倍である．また月面における重力加速度は，

$$Gm_☾/r_☾^2 = 162\text{cm/sec}^2$$

であり，地球表面における値の1/6以下である．月の重力場からの脱出速度は

$$(2Gm_☾/r_☾)^{1/2} = 2.38\text{km/sec}$$

であり，地球表面での値（11.2km/sec）の約1/5しかない．

太陽系でこれまで見つかっている33個の衛星中で月は6番目の大きさと質量であるが，母惑星に対する大きさと質量では最大である．

3．月　の　形

月ロケットの運動を調べることにより，特にアメリカのオービターやソ連の月9号のような月周回探測器の運動を調べて，月の質量だけでなく内部の質量分布や月の形についても多くの情報が得られる．月の形は，月面の中央と月の縁との距離を測ることなどによって以前から調べられていたが，オービターなどの運動の分析から月のジオイドの形が知られるようになって急速に知識が精密になった．

それらの結果によると，赤道上で地球を向いている部分（月面の中央）は基準の球面に比べ2km以上とび出し，また月面には2km程度も凹んだ部分がある．また北極では100mとびだし，南極では700mも凹んでいて，全体として西洋梨のような凹凸があることもわかってきた．すなわち，月は半径1,738kmの球から1km程度のずれを示している．

月は自転しているから，赤道部での遠心力によって形が回転楕円体になっていることが期待される．ただし，自転は地球よりずっと遅いので（地球は1日で，月は約1か月で自転する），地球よりずっと球に近いことが予測される．さらに月はいつも同じ面を地球に向けているから，赤道面の切り口も地球の重力によって，長軸が地球の方に向いた楕円になっていることが考えられる．しかし，つり合った平衡状態にある形を理論的に計算すると，半径1,738kmの球からのずれは30m以内という結果が得られ，実際に得られた結果と大きな食い違いがある．すなわち月の形は平衡ではなく，内部とくに中心部には不自然な力がかかっていることがわかる．月の中心部に高温度の流体核があるとこの力に耐えられないことから，月の形はその中心部が低温度の固体であることを示している．

写真 8　下弦の月におけるコペルニクスから縁にいたる領域(ヘール天文台,2.5m 反射鏡)

4．月の明るさ

満月における月の平均の明るさは−12.6等で，太陽の約46万分の1であるが，月の明るさは，地球と月と太陽のなす角度（位相角）によって非常に変化する．満月（位相角0°）から新月（位相角180°）に移るにつれて，観測される明るさは急激に減少する．例えば半月において明るさは満月の約1/10であり，三日月では1/100程度しかない．位相による月の明るさの変化を示した図を見ると，月の明るさは満月において鋭く大きくなり，新月に近づくと非常に暗くなることがわかる（点線はなめらかな球面による反射の明るさを示している）．このような位相効果は，水星においてもほとんど同じである．これは，月および水星がきわめて粗な表面におおわれているため，位相角が大きい場合には影の効果が非常に大きく，位相角が0°（満月）に近づくにつれて影の効果が急激に小さくなるためである．

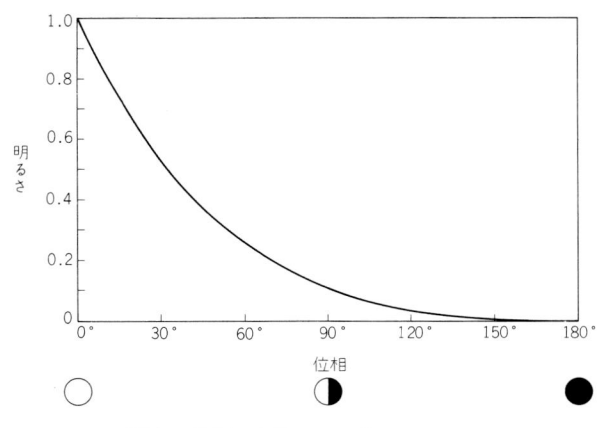

図1 位相の変化による月の明るさの変化

明るく照らされている月の全面からの光と太陽から受ける光の比である平均反射率はわずか0.07であって，地球や金星，木星型惑星などのように厚い大気をもつ惑星に比べると非常に小さい．しかし月面の各部分での局所的な変化は大きく，海のもっとも暗い部分とアリスタルカスのような明るいクレーターの床とでは数倍も違っている．

月の光の偏光的な特徴の位相による変化は，砂か灰のような粗い粉末状の表面が示す特徴と似ており，また水星表面が示す特徴ともよく似ている．月面の色がうすかっ色がかった暗い灰色に見えることと，影の効果を考慮した月面の反射率は，かなり暗いかっ色をした岩石（例えば玄武岩）のそれに比較的近い．

5．月面の温度

月は自分で発熱してはいない．太陽の光と熱のエネルギーを受けて熱せられ，またその光を反射して光って見える．太陽表面は約5,800 K（絶対温度）のほぼ黒体輻射を放っており，地球や月をはじめ太陽系の全天体にエネルギーを供給している．

月は太陽から受けるエネルギーをほとんどすべて吸収し，そのほとんどすべてを黒体のように輻射している．しかし月は，太陽が輻射するエネルギーのごく一部（300億分の1以下）を受けるだけであるため，表面の温度は太陽に比べるときわめて低い．黒体が輻射するエネルギーの大部分はウィーンの法則によって $2.9×10^7 Å/T$（T は黒体の絶対温度）付近に集中している．太陽（$T=5,800K$）ではこの波長は5000Åの可視光となるが，月面の温度を室温（290K）程度とすると，この波長は $10^5 Å=10\mu$（ミクロン）となる．したがって月面の場合には赤外線からマイクロ波電波を観測して表面温度を

定めることができる（月による太陽の反射光はもちろん5000Å付近を極大とした可視光である）．ウィルソン山天文台において赤外線の測定によって1927年に初めて月面の温度を測定したのはプティ（E. Pettit）とニコルソン（S. Nicholson）である．

　赤外線観測によると，月の明暗境界線が赤道上を移動するにつれ（15.4km/hr），表面温度は390Kという極大温度から110Kという極小温度まで急速に下がることがわかる．温度は満月において極大であり新月で極小となり，位相のずれは見られない．このことは，月食の際に影に入った部分の温度が直ちに低下することと一致している．一方，表面下数cm～数mで放たれる波長がミリメートルからセンチメートルの電波では温度変化が小さく（波長10cmでは位相による変化は見られない），表面物質の，熱伝導度の小さいことが推測される．

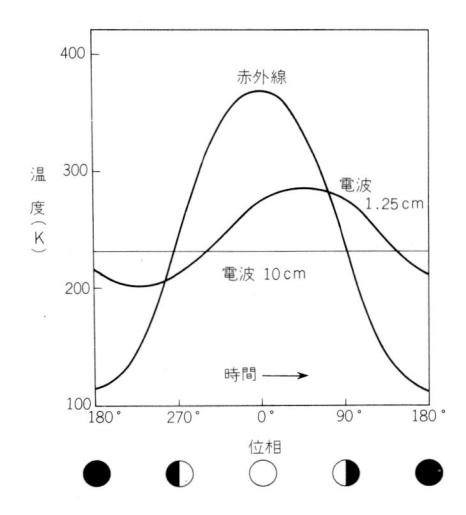

図2　三つの波長における月の温度変化
波長が長くなると位相の遅れが大きくなる．
長波長（≧10cm）ではほとんど温度変化を示さない．

B．月の満ち欠けと運動

1．月の満ち欠け

地球-月系の質量中心は，太陽から約1AU（天文単位＝1.496×10^8km）の軌道を1太陽年（365.2564平均太陽日＝3.156×10^7sec）の周期で公転している．地球と月の中心はいずれも，この質量中心のまわりを約27.3日の周期で軌道運動している．この周期が1恒星月である．これは地球の中心から見て，月の中心がある恒星の方向に見えてから次にふたたび同じ恒星の方向に見えるまでの時間である．月の公転軌道は太陽などの影響で多少ずれるので，1恒星月の長さは数時間ぐらいずれることもあるが，平均すると約27.322日（27日8時間43分）である．

これに対し，地球の中心から見て月と太陽とが同じ方向に見えてから，ふたたび同じ方向にくるまでの周期を1朔望月という．これは，地球の中心から見て太陽に対する月の相対位置が同じになる周期であり，月の位相が繰り返す周期である．1朔望月が平均29.531日（29日12時間44分）と1恒星月より約2.2日だけ長いのは，1恒星月かかって月が地球を1周する間に地球は太陽のまわりを約27/365周するので，新（満）月から次の新（満）月になるまでには，月は地球を1回以上公転しなくてはならないからである．

月は太陽の光を反射して光って見えるので，月が地球のまわりを公転するにつれて，輝いてみえる部分が違ってくる．これが月の満ち欠けである．地球から見て月が太陽と同じ方向にくるとき，すなわち月の黄経（春分点を原点として黄道を基準として測る天球上の経度）と太陽の黄経が等しくなると（位相角180°），月は太陽と地球の間にくるので月は地球に暗い部分を向けることになる．これが新月（new Moon）または朔である．その後，月はしだいに空を東に移動し，右端の方から光りはじめて三日月となり，月の黄経が太陽の黄経より90°大きくなると半月で上弦（first quarter）となる．それをすぎると光って見える部分はさらに増し，地球から見て月が太陽と正反対の方向にきて，月の黄経が太陽の黄経より180°大きくなるとき（位相角0°）が満月（full Moon）または望で，地球に向いている月の半球は全部輝いて見える．

満月をすぎると太陽の光は月の東側だけに当たるようになり，右側の方から欠けはじめ，月の黄経が太陽の黄経よりも270°大きい下弦（last quarter）を経て新月にもどる．この月の位相（phase）の変化が繰り返す周期が1朔望月である．

2．月の見かけの運動

月の毎日の移動を，恒星を基準にして天球上にしるしていくと大円となる．これが白道であり，太陽の年周運動の道筋である黄道と約5°9′傾いている．これは，月の軌道面と地球の軌道面とがそれだけ傾いているためである．

月が地球を公転する向きは，地球が自転する向きと同じである．それで地球から見ると，月は白道上を西から東へ毎日約13.2°（＝360°/27.32）ずつ移動していく．月はほぼ1か月に2回，地球の軌道面（黄道）を横切る．このうち，月が地球の軌道面（黄道）を南側から北側へ横切る点が昇交点で，北側から南側へ横切る点が降交点である．天球上で白道と黄道とが交わっているこれらの交点は，月の公転の方向と逆向きに約18.6年の周期で動いている．したがって白道は黄道のように天球上に固定しているものではなく，交点が黄道上を約18.6年で1周するような具合に東から西に移動しているのである．

月は天球上で白道の上を，1日に平均13.2°ずつ西から東

写真9　下弦の月（ヘール天文台, 2.5m反射鏡）

へ進むので，月の出と月の入りの時刻は，毎日平均約50.5分（＝24時間 × 13.2°/360°）ずつ遅くなる．新月のころには月は太陽と同じ方向にくるので，月は太陽とだいたい同じ時刻に出入りする．月の出入りの時刻は，新月から測った日数（月齢）が大きくなるにつれて遅くなり，月が太陽の反対方向にくる満月のころには，日没のころに月が出て真夜中に南中することになる．

3．月の公転と自転

月は地球－月系の質量中心のまわりを，1恒星月の周期でまわっている．この質量中心は，地球の中心から4,671 kmしか離れておらず，地球の内部にあって地球の中心に近いので，地球から見ても月は楕円軌道を描いているように見える．

この楕円の長半径は約384,400 km，短半径は約383,800 kmでその差はわずか600 km，離心率は0.055でほとんど円である．この軌道上を月は約1 km/secの速度で，1恒星月の周期でまわっている．月の運動は，地球の重力のほかに太陽や他の惑星の重力の影響を受けるので非常に複雑である．例えば，月が近地点を通過する周期や，交点を通過する周期が1恒星月とわずかに異なるのもそれらの摂動のためである．

1恒星月の間に月はちょうど1回自転する．すなわち自転と公転の運動が同期していてその周期が一致しているので，月はいつも同じ面を地球に向けている．したがって，1959年10月7日にソ連の月（ルナ）3号によって初めて写真撮影されるまで，人間は地球に面した月の半分しか見ることができなかった．

1恒星月の間に月が1回自転することを17世紀に発見したのはカシニ（G. Cassini）である．しかし実際には，月は上下左右にゆれ動いているように見えるのであり，そのために地球からは月の全表面の約59.4％を見ることができる．この現象は秤動（libration）と呼ばれ，ガリレオによって初めて見つけられた．

秤動には次の三つの幾何学的なもの，および物理的なものとがある．第1は，われわれは月を地球の中心から見ているのではなく，地球表面から見ている．それで北極や南極近くでは月の北側や南側が余計に見える．また月が東の地平線から出るときは西側，西の地平線に沈むときは東側が少し余計に見える（日周秤動）．次に月の自転軸は軌道面（白道の面）に垂直ではなく，約6°5′（軌道の黄道に対する傾斜5°9′と月の赤道の黄道に対する傾斜1°32′）傾いている．このため1公転の間には，月の北極側が多く見えたり，南極側が多く見えたりすることになる．地球の自転軸が軌道面に垂直でないために季節が生ずるのと同じわけである（緯度秤動）．第3に，月の公転速度は近地点で速く遠地点では遅くて一様ではないが，自転は一様である．そのためいくらかの食い違いが生じ，東西方向に見える範囲が少し拡がる（経度秤動）．このような見かけの秤動のほかに，月が完全な球ではないため，上下左右にゆれる物理的な秤動もごくわずかある．これらの秤動によって，地球からは月の全表面の約59.4％を見ることができるのである．

4．運動の研究の歴史

古代から月の動きや満ち欠けなどは注意深く観察されていた．すでにヒッパルカスは前2世紀に，古い日食などの記録を分析するなどして，月の軌道の離心率と近地点の運動を発見し，また月の軌道と黄道の傾斜を求めた．当時の観測を説

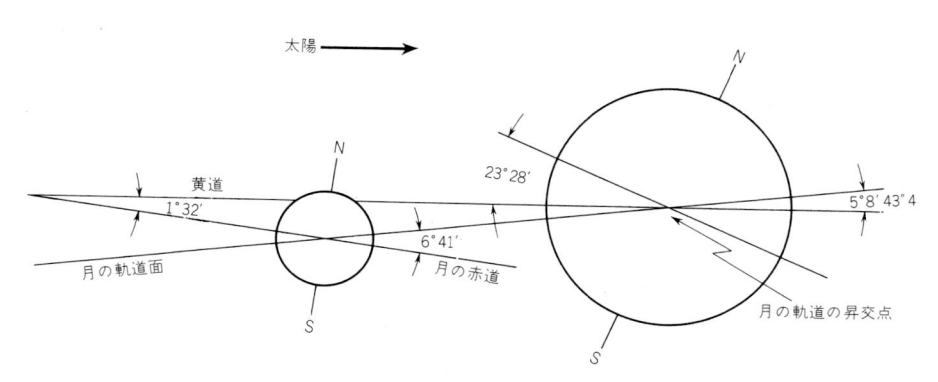

図3 月の公転と自転

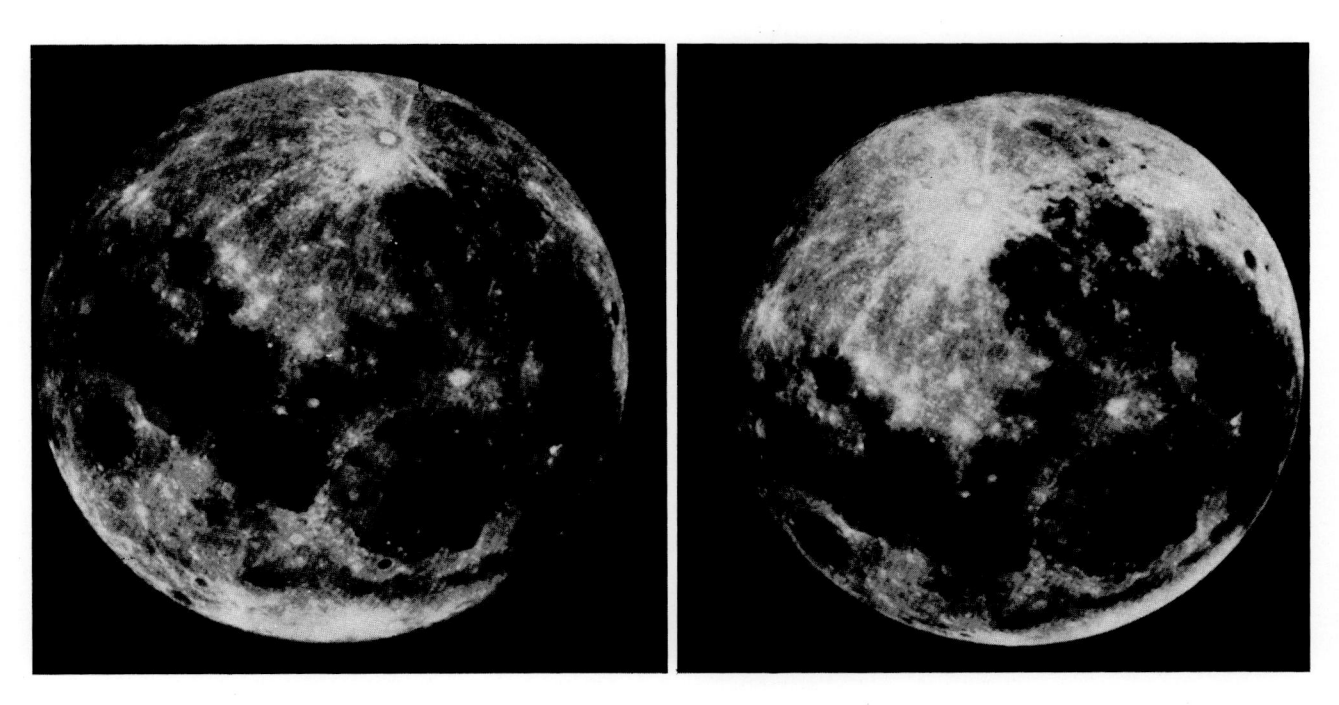

写真10 左は1961年12月21日21時18分（世界時）で，右は1962年4月20日3時45分（世界時）における満月である．秤動の現象がはっきり見られる．

写真11　下弦の月におけるプトレマイオスから縁にいたる領域（ヘール天文台, 2.5m反射鏡）

明するため，彼は月が地球から外れた点を中心とする一様な円運動をするとした．その後2世紀の頃プトレマイオス（Ptolemaius）によって，太陽の摂動によって生じる月の運動のずれが見つかり，月の運動についての知識はより正確になった．さらにチコ・ブラーエ（Tycho Brahe）は16世紀末に太陽の摂動による月運動における別なずれを見つけるなどした．

月 の 定 数

朔 望 月	29.531日
恒 星 月	27.322日
近 点 月	27.555日
交 点 月	27.212日
対恒星近(地)点順行周期	3,232.6日
対恒星交点逆行周期	6,793.5日
平均離心率	0.055
軌道の黄道に対する平均傾斜	5°8′43″
月の赤道の黄道に対する傾斜	1°32′
平均赤道地平視差	57′3″
平均視直径	31′5″
地球からの平均距離	384,403km
直 径	3,476km
月と地球の直径の比	1：3.670（＝0.2725）
月と地球の質量の比	1：81.30（＝0.01230）
密 度（g/cm³）	3.34
月と地球の密度の比	0.606
月と地球の表面重力の比	0.166

これらの運動を，自分で発見した万有引力の法則を用いてニュートン（Isaac Newton）はある程度説明することに成功した．すなわち，『自然哲学の数学的原理（プリンキピア）』（1684年）のなかで彼は，プトレマイオス以来見つかっている月の黄経に見られる周期的なずれや，近地点や交点の平均的運動が太陽の重力によるものであることを明らかにした（ニュートンが得た近地点の平均運動は観測値の約半分であった）．その後18世紀に入って，クレーロー（Alexis Clairaur）が月運動の解析的な理論を立て，ダランベール（J. Le R. d'Alembert），オイラー（Leonhard Euler），ラプラス（Pierre Simon Laplace）たちの研究が続いた．

5. 運動の理論

月の運動は，2段階にわけて考えることができる．第1段階では，月，地球，太陽を質点と考え，地球－月系の質量中心が太陽のまわりで楕円運動を行うとして，月の運動に対する太陽の影響を調べるのである．そして，第2段階として，これに種々の補正を加える．惑星の摂動によって地球－月系の質量中心の軌道がずれること，月の運動に対する惑星の直接の摂動，月および地球の形が球でないことによる効果，さらに相対論の効果などである．もっとも近地点の年間運動である約$40°.5$のうち太陽の影響以外は約$10″$であり，交点の年間運動の約$19°.5$中でも太陽の影響以外は約$10″$である．

そのような研究として前世紀末から今世紀はじめにかけて，ハンセン（P. A. Hansen）の理論，ドゥローネ（C. E. Delaunay）の理論，ヒル（G. W. Hill）とブラウン（E. W. Brown）の理論などがある．ハンセンの結果は数値計算によるもので，ニューカム（S. Newcomb）による補正を加えて1922年ま

写真12　クラビウス付近の月面（ヘール天文台，5m反射鏡）

で広く用いられた．ドゥローネの結果は月の運動を代数的展開で表わしたものであり，数値計算の結果と比べれば精度はおとったが，人工衛星軌道の研究を含めその後の理論的研究に多くの影響を与えた．ヒルの方法はそれまでより巧妙なもので，特に近地点の運動を決めるのに有効であり，同様な方法でアダムズ（J. C. Adams）は交点の運動を決めた．

　1923年から一般に用いられている理論的な月の位置（座標）は，ヒルとアダムズの方法によってブラウンが求めた級数展開によって計算されている．この展開では座標に対する級数は約1,500項を含んでおり，ハンセンの用いた展開の項数に比べ約5倍である．1950年代に入ってからはこのような級数によらないで，コンピュータによる直接計算によって座標が得られるようになった．エッカート（W. J. Eckert），ジョーンズ（Rebecca Jones），クラーク（H. K. Clark）等の計算による結果は，以前の表に比べてずっと精度のよいものである．

C. 月 の 表 面

1. 月 面 図

　肉眼でも月面には明暗の模様が見られる．それらの模様は，わが国ではうさぎのもちつき，中国ではうさぎやガマ，ヨーロッパでは婦人の顔，アメリカ・インディアンはワニやトカゲというようにさまざまなものに見たてられていた．月面の模様には昔から関心がもたれていたようで，英雄伝で有名なプルターク（Plutarchus）も1世紀に月面についての本を書いたと伝えられている．ガリレオ（Galilei Galileo）が1609年に自作の屈折望遠鏡をまず向けたのも月であったと考えられ，翌年出版された『星界の報告』には5枚のスケッチがのっている．また1839年に写真術を発明したダゲール（L.J.M. Daguerre）も同年に月の写真撮影を試みて失敗し，翌年ハーバード大学天文台で口径30cm屈折望遠鏡を用い，20分の露出で月面の撮影に成功している．

　ガリレオは『星界の報告』のなかで，月面が起伏にとんで粗く，いたるところにくぼみや隆起があり，さらに月面の明るい部分には山脈や谷があることを述べ，大きな暗い領域を"海"と呼んでいる．さらに，太陽光線によって生ずる影の長さを測ることによって山の高さを測ることに言及している．以来今日まで月面の観察は注意深く続けられ，肉眼および写真観測に基づいて詳しい月面図が作製されてきた．

　その最初のものはシャイナー（P.Scheiner）が望遠鏡観測に基づいて1611年に作製し，数年後に出版されたものである．月面の地形に名前がつけられたのは1647年に出版されたヘベリウス（J.Hevelius）の『Selenographia（月面図）』が最初で，主として地球上の地形との類似から約250の特徴に名前がつけられた．そのうち，アペニンやアルプスなど約10の山脈名は現在もなお用いられている．つづいてリッチオーリ（Giovanni B. Riccioli）は1651年出版された『Almagestum novum（新天文学大全）』のなかで，月面に見られる目立つクレーターなどの地形に，コペルニクスやチコ，プラトーなど著名な天文学者や哲学者の名前をつけたが，この命名法は現在も行われている．また暗い部分ははっきり海と呼ばれている．

　以来多くの月面図が今日まで作製されてきた．18世紀において注目すべきものは，ゲッチンゲン大学天文台での観測をもとにマイヤー（T.Mayer）が1750年頃作製したもので，地球から見られる月面を25の部分にわけて示したものである．19世紀においては，1837年にベルリンで出版されたベール（W. Beer）とメドラー（Mädler）の月面図，および1878年にアテネで出版されたシュミット（J. Schmidt）のものが著名である．特に後者は，シュミットがアテネ天文台の口径18cm屈折望遠鏡を用いて約40年にわたって観測した結果に基づくもので，33,000以上の地形が書き込まれており，今世紀に入るまでもっとも詳しい月面図であった．さらに，1922年から52年にかけて出版されたウィルキンス（H.Wilkins）の月面図は16枚の図からなるもので，月の近接写真観測が行われる以前のもっとも詳細な月面図である．

　1960年代に入って月の直接探測が本格化するとともに，米国では詳細な月面図の作製が始められた．米国地質調査所が中心となり，バージニア州にあるマッコーミック天文台の屈折望遠鏡を用いて月面地図作製が始められ，後にアリゾナ州フラッグスタフにある米国航空地図情報センター（Aeronautical Chart and Information Center）やローウェル天文台，世界の多くの天文台や研究者の協力を得てフラッグスタフにおいて作業が進められた．この作業には，米国のオービター

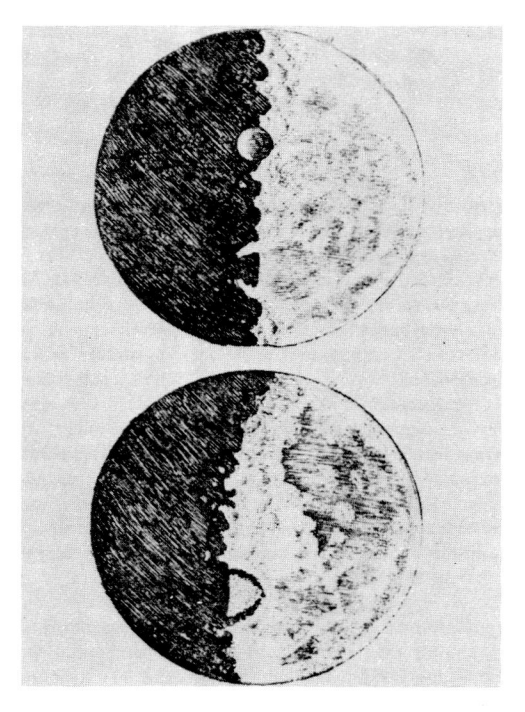

図4 『星界の報告』(1610)にある
ガリレオの月面スケッチ

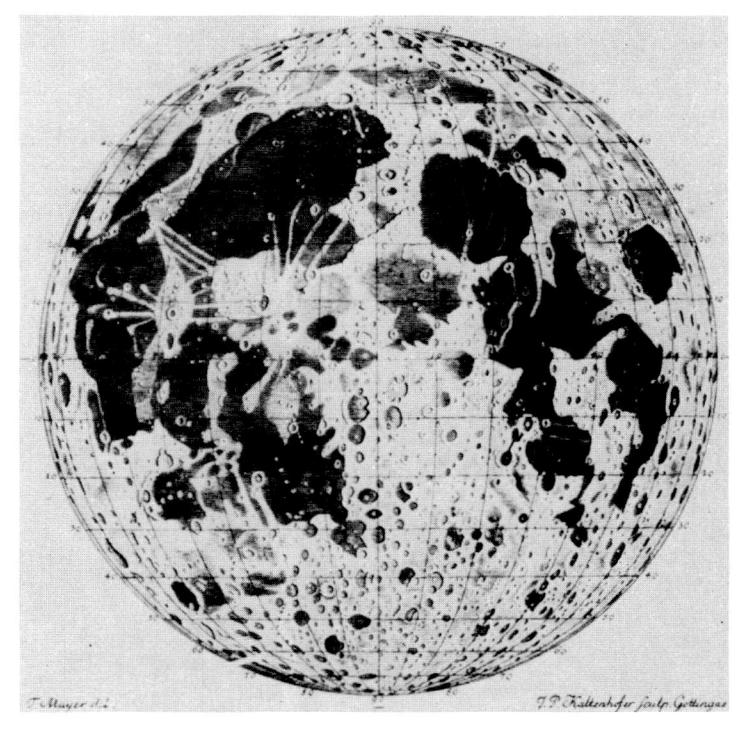

図5 ヘベリウスの『月面図』(1647)

図6 マイヤーの『月面図』(1750頃)

（月周回）衛星（1966～1968）が撮影した，月表面の99.5%をおおう978枚の写真が全面的に活用された．

2．月面の地形名

月面の目立つ地形には，17世紀以来個々の観測者によって統一なく命名されてきた．1932年に国際天文学連合（International Astronomical Union, I.A.U.）は，それらのうち約5,000にのぼる名前を承認した．その後，月面地形の命名は一般的な原則にしたがって行われ，1960年代に入って米ソの月探測器が地球からは認められなかった多数の地形を同定するようになってからは，国際天文学連合の月面命名委員会が加盟各国に候補名の提出を求め，それをもとに正式に地形名を決定することになっている．

命名の原則は次のようなものである．すべての地形名はラテン語形にする．クレーターや環状地形などは亡くなった天文学者や科学者の名前，山脈状の地形は地球上の地形名によって命名する．大きな暗い領域は精神状態を示すような名前，割れ目や谷はもっとも近い指定されたクレーターに因んで命名する．そしてあまり顕著でない地形は，月面の座標によって指定する，というものである．

1959年10月に初めて月の裏側の写真撮影に成功した〈月3号〉による合体写真をもとに，ソ連は月の裏側の18の地形に命名し，I.A.U.に承認を求めて認められたが，その後承認を求めた230については保留された．これは，その後の月周回観測によって，初期の観測と矛盾するようなより鮮明な写真が多数得られるようになったからである．実際，最初に命名された裏側の18の地形名のうち，ソビエト山脈（Montes Sovietici）など11のものは廃棄された．これにこりて，1967年のI.A.U.総会では，裏側の命名も表側の命名の原則にしたがうこと，表側と同様な確かさと分布密度で命名することなどが決められた．

米国航空地図情報センターが作製した月面地図に見られる無名の地形には番号が付され，I.A.U.の月面命名委員会が各国からの候補者名をもとに正式に決定している．1970年8月末に英国ブライトンで開かれたI.A.U.総会では，約500の地名が正式に決定された．そのなかには，米ソの宇宙飛行士の名前も含まれていたが，わが国から提出した名前では，天文学者の平山信，木村栄，平山清次，山本一清，畑中武夫のほか，物理学者の長岡半太郎，仁科芳雄の7名が認められた．

3．月面地形の分類

月の写真を見てまず目につくのは，暗く円形な平らな部分と，それ以外の明るく光って見える部分があることである．大きな，暗い領域は，〈静の海〉（Mare Tranquillitatis）などのように"海"（mare）と呼ばれている．水があるわけではないが，周囲の明るい部分より低く，一般に平坦である．大きい海から離れた同様な小さい領域は，例えば〈虹の入江〉（Sinus Iridum）というように"入江"（gulf）とか"湾"（bay）と呼ばれる．

月面の大部分は明るく光って見える部分で"高地あるいは陸"（highland とか continent, terra, upland）と呼ばれ，土地の高低が激しく，"クレーター"（crater）と呼ばれる丸い凹孔が無数に見られる．南極近くにあるベイリーのように直径が約300kmのものから，探測器によって撮影された直径1m以下のものまでほとんど無数といってよい．クレーターは，明るく光る"条"（ray）が四方に放射状に延びているものが

写真13　月面中央に見られるクレーター，プトレマイオスおよびエラトステネス（ヘール天文台，2.5m反射鏡）

写真14　雨の海に沿うアペニン山脈（リック天文台，3 m反射鏡）

ある，隆起した"外壁"（rim）をもつものがある，中央部に"突出部"（peak）をもつものがある，という一般的な特徴をもっている．

　陸には，アペニン，コーカサス，ライブニッツなどと名づけられた"山脈や山"（mountains）が見られる．半月の頃には月面は太陽の光を斜めに受けて山は長い影を投げるので，影の長さを測って山の高さを知ることができるが，数千mの高さのものも少なくない．陸地は地球の大陸に似て，断層や亀裂のような地殻の構造線で網の目のようにおおわれている．

　高地ほどではないが，比較的小さなクレーターが海にも見られる．近接撮影された写真には外壁がはっきりしない無数の浅い凹みが見られ，"えくぼ"（dimple）と呼ばれている．海の部分にはまた，数百km以上にも延びた不規則に隆起した低い丘陵である"しわ"（wrinkle ridge）が見られる．また"リル"（rill）と呼ばれる狭くて長い割れ目の構造がある．さらに"ドーム"（dome）と呼ばれる小丘が広範囲にわたって見られる．

4．クレーター

　典型的なクレーターは外壁に囲まれた丸い凹孔で，外壁は周囲の水準および内部の床より高く隆起している．クレーターには中央部に突出部をもっていたり，明るい条（レイ）が放射状に延びているものも少なくない．高地の部分には，直径が100kmをこえるものから，月探測器で発見された1m以下のものまでほとんど無数のクレーターが見られる．海の部分に見られる小さいクレーターは，外壁もとれて柔らかい感じのものが多く，えくぼと呼ばれている．

　地球から見える側でもっとも大きいのは，南極近くにあるベイリーで直径が295kmであり，トレミー（直径145km）やコペルニクス（90km）などは大きいものである．クレーターの床には，アリスタルカスのように粗で明るくて皿のような床もあるし，プラトーなどのように滑らかで暗くて海のような床もある．周囲を壁で囲まれて直径が約200kmあるクラビウス平原も，クレーターであるとも考えられている．具体的な例として直径約1,200kmの丸い雨の海の南側に位置するコペルニクスを見ると，直径は90kmで深さは3,840m，内壁は2段階から3段階に落ちこんでテラスをつくっている．内部の床は平らで中央にいくつかの峰があるが，もっとも高いものでも約700mである．直径が145kmのトレミーの深さは約2,700mである．

　裏側には大きな海がなく，表側と大きな対照をなしている．しかし裏側も表側以上に一面クレーターにおおわれている．南半球には直径が500km程度のクレーターがいくつもあり，北半球にあるモスコーの海も，海と呼ばれているが直径が約500kmのクレーターである．裏と表との境にあるオリエンタール海も同心円状につらなったクレーターであり，もっとも外側のものは直径が約900kmある．ヌビウム海はオリエンタール海に似たクレーターであるが，もっとずっと古いものである．

　異なる特徴のクレーターが並列して存在していることから，新しいクレーターは古いクレーターの上に重なるということを考えて相対的な年齢を決めることができる．海の部分に見られるクレーターが高地よりもずっと少ないことから考えて海の部分は高地より若いことが推測される．

　物質が外壁をすべり落ち，壁自身が落ちこむにつれて，クレーターはゆっくりと変化し，消滅すると考えられる．隕石

写真15 コペルニクス・クレーター（ヘール天文台，2.5m反射鏡）

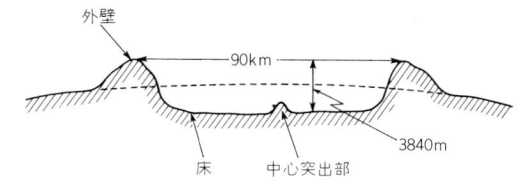

図7　コペルニクス・クレーターの断面図

（図中ラベル：外壁／床／中心突出部／90km／3840m）

写真16　ルナ・オービター2号が撮影したコペルニクスの内部

29

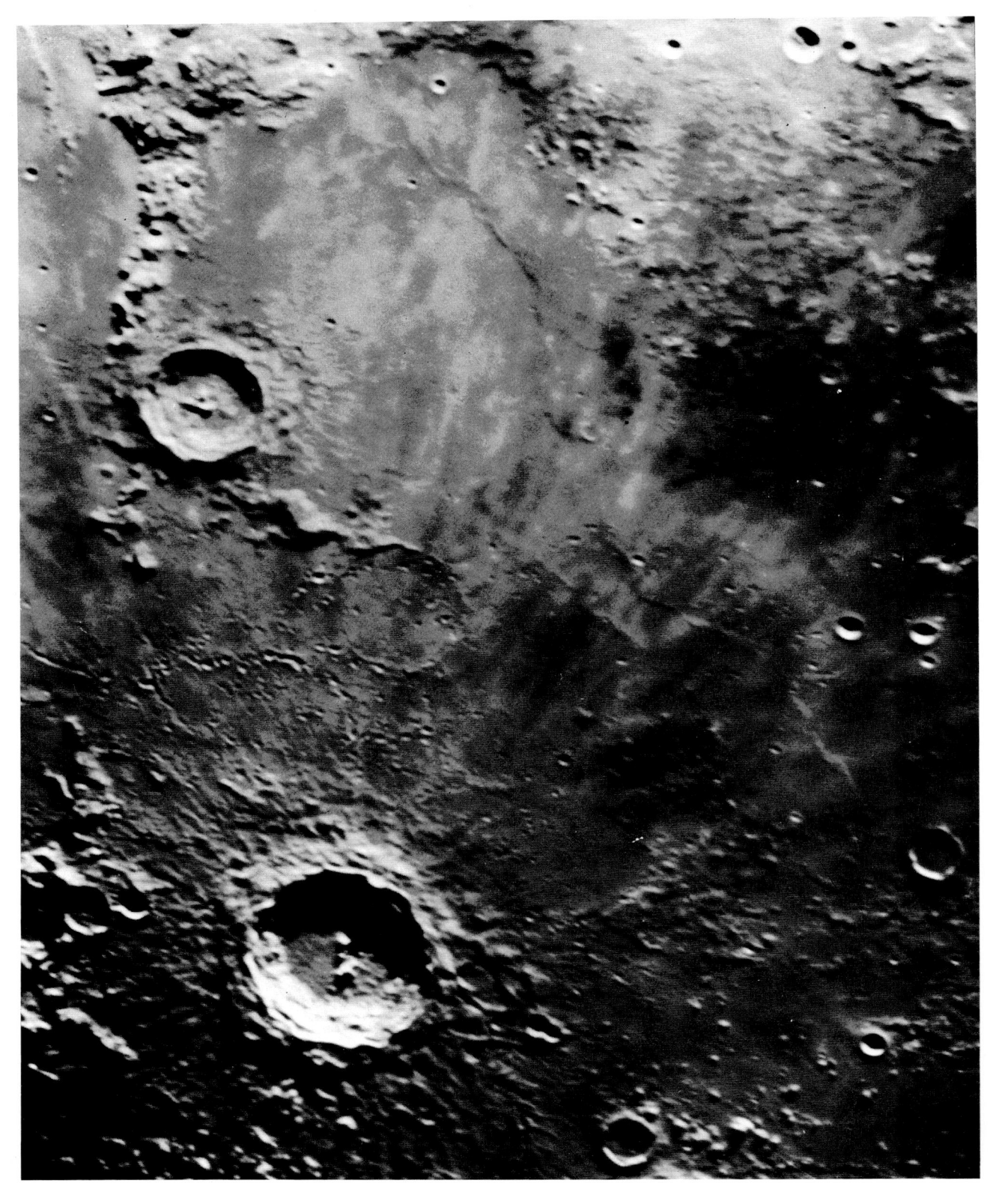

写真17 コペルニクスから明るくのびる条（ヘール天文台，5m反射鏡）

の衝突が新しいクレーターをつくり，それらは古いクレーターを埋め，消し，退化させる．そのような一種の浸食に対するクレーターの寿命は，直径1cmのクレーターについて数百万年であると推測される．したがって大きいクレーターでは，月の年齢よりもずっと長い．すなわち大きいクレーターは決して消えることはないが，外壁は長い間にはすべり落ちるし，そのヘリや条は，隕石の衝突や激しい温度変化や地震などで浸食されることは確かである．それに加えてアイソスタシー的な調節によって，クレーターの床は上昇し，ヘリは下降する．

チコやコペルニクスなどのクレーターから放射状にひろがる条（レイ）は以前から知られていた．レンジャー探測器の撮影した写真によって，これらのクレーターが，形成された際の衝突によって生じた破片物が衝突してきた，二次的クレーターがつらなったものであることがわかった．

5．クレーターの成因

クレーターの成因としてアメリカを中心に広く受け入れられているのは，隕石衝突説である．プトレマイオスやアルフォンズスをはじめクレーターのなかには溶岩を見せて火山成因を示しているものもあるが，衝突クレーターでないものは少数であると考えられる．衝突説と火山説の長い論争は結局，どちらの説も正当であるということになって終わったようであるが，衝突説によるクレーターの方がずっと一般的である．

もともと衝突説は，1893年に地質学者であるギルバート（G.K.Gilbert）が雨の海の成因を小惑星のような大隕石の衝突によるものとして説明する説を発表し，またクレーターが火山の溶岩やガスの噴出口としての火口とか，火山活動によって地面が陥没してできたカルデラとは見えないと述べたことから起こったものである．雨の海を中心にして放射状にのびている割れ目にギルバートは注目し，これを衝突時に生じたひびであると考え，衝突による熱で溶けた隕石が溶岩となって流れた平原が雨の海であると考えたのである．その後今世紀前半にはシカゴ大学のボールドウィン（P.B. Baldwin）は，種々の爆発孔についてその直径と深さの関係をグラフに

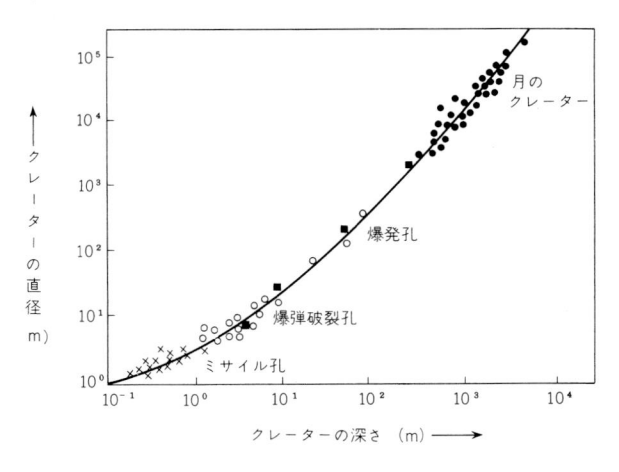

図8 衝突クレーターの直径と深さの関係（Baldwin, 1949）

したところ，アリゾナ州のバリンガー隕石孔のような地球上の隕石孔をはじめ，月のクレーターも同じ曲線にのることを見つけて衝突説の主張を裏づけた．さらに月物質の年代測定をはじめとするアポロ計画で得られた成果は，それに基づく後述するような月の内部構造や歴史とともにクレーターの衝突説を広く受け入れられるものとした．その意味では，月の直接探測で広範囲に見つけられた火山活動の証拠は衝突説にとってはむしろ驚きであったといえる．

衝突クレーターは，隕石状天体が月面に衝突してその運動エネルギーの大部分が爆発的に熱エネルギーに転換され，隕石を溶かして蒸発させることによって形成されるが，その際に余分となった運動エネルギーによって表面物質が破砕され，また地震波がつくられる．月面物質は浅い地下爆発に似た状況で吹き飛ばされる．こうして中心部に穴がつくられ，隆起した外壁がつくられ，破砕物質が遠くまで吹き飛ばされる．高速な破片は遠方で月面に落下衝突して二次クレーターの条をつくり，また初期爆発の反動でクレーターの中央の突出部が形成される場合もある．半径が1kmの大隕石状天体が30km/secの速度で月面に衝突すると，その運動エネルギーは10^{29}エルグであり，コペルニクス級の大クレーターを形成するだけの岩を蒸発させる．チコ，クラビウス，オリエンタール海（二重の外輪山をもち内側の直径は約500kmで表側と裏側の境にある）のような大クレーターを形成するには，10^{28}ないし10^{33}エルグのエネルギーが必要であると考えられる．

6．高地と海

　月面の大部分をなしている明るい部分が高地で，クレーターが一面に分布しており，特に裏側はほとんど全面が高地である．高地は海よりもありのままな岩石と無秩序な地形を示しており，アポロ計画で採取された物質で測定された年代は46億年に及んでいる．この年代は海の部分で採取された物質の年代よりずっと古く，ほぼ太陽系の年齢であり，初源的な月面を示しているものと考えられる．一般に高地は海の部分より高度が高い．ルナ・オービターによる裏側の写真は典型的な高地を示すものが多い．

　海は月面の大きく暗い領域で，暗い玄武岩質溶岩の平坦なところである．月面には30個程度の海があるが，そのうち裏側にあるものはわずか4個である．海のあるものはほぼ円形であり，直径は約300kmから1,000kmであり，これら円形の海の盆地は衝突によって形成されたものであり，その後に溶岩で埋められたものと考えられる．古い幽霊的なクレーターや浸水したようなクレーターが海に見られることは，海の盆地が形成されてから溶岩で埋められるまでの期間にそれらのクレーターの形成が起こったことを示している．

　雨の海の西側に海岸山脈のように見られるアペニン山脈やコーカサス山脈が曲がった形をしていることや，付近の高地を彫ったような放出物が見られることなどは，これらの海の盆地が衝突で生じ，衝突の際に地殻がもち上げられた結果アペニン山脈などができたことを示唆していると考えられる．

　高地に比べると海にはクレーターが比較的少ないが，これは約35億年という海の年代と合っている．コペルニクスのような海のなかに重なっているクレーターは，若いクレーターである．近接撮影された写真では海の部分は柔らかい感じで波打っているように見え，直径が数百mから1m以下のものまで無数の残い凹みにおおわれていることがわかった．外壁がはっきりしないこれらの凹みは"えくぼ"と呼ばれているが，大きなえくぼは外壁もはっきりしていてクレーターに似ている．

　高地から海への境には，雨の海の西岸に沿ってはアペニン，コーカサス，アルプスなどの山脈が見られる．山脈の傾斜は高地に向かってはゆるやかであるが，海に向かう内側はするどい断崖になっている．これらの山脈には多くの頂きがあり，高いものは周囲の水準より6,000m程度も高い．ライプニック山脈などには8,000m程度とさらに高い山もある．ただし

写真18　雲の海につづく，古い地形を見せている高地（ヘール天文台，2.5m反射鏡）

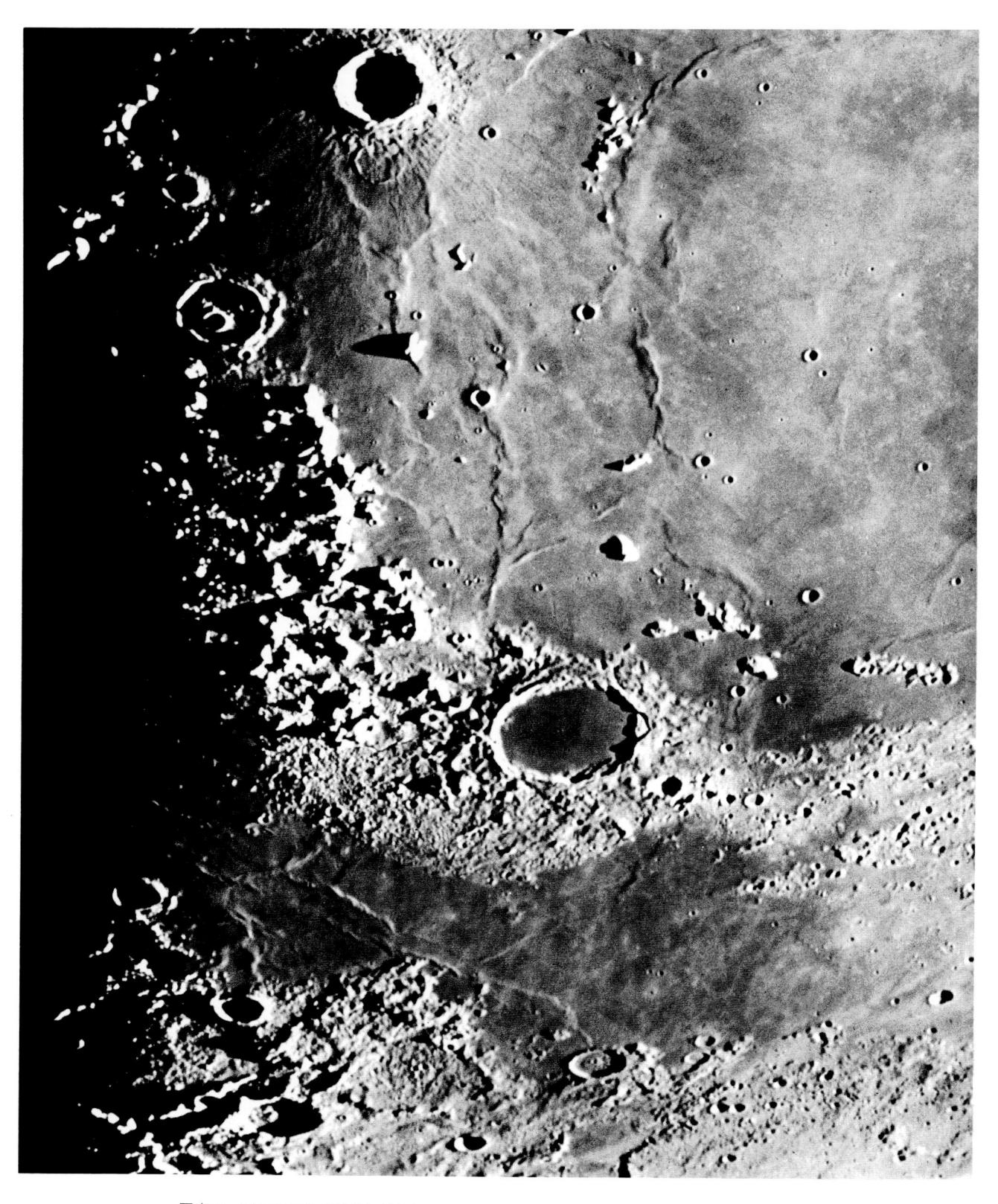

写真19 雨の海の北の部分に見られるしわ．クレーターはプラトー（リック天文台，3m反射鏡）

山の高さは周囲の平地に準拠したもので，それぞれの水準が異なるので相互の比較は難しい．これらは山脈とはいっても，地球の山脈のような造山運動で盛り上がった山脈ではない．

7．しわ，リルなど

海には，クレーターやえくぼの他に，しわ，リル，ドームなどが見られるが，それらにはある種の火山活動の結果と考えられるものも少なくない．

海のところどころには数百kmから1,000km以上にも延びた，不規則に隆起した低い丘陵が見られる．これが"しわ"である．非常になだらかな傾斜をしており，幅は30kmに及ぶものがあるが高さは300m程度である．しわは，海を埋めた溶岩でおおわれた山脈の頂上であるとか，あるいは海の表面の割れ目から押し出された溶岩の線であるとかいう説がある．

"リル"は狭くて長い割れ目構造で，幅が1km程度で長さが数百kmに及ぶものがある．リルには，比較的に真直ぐでほとんど直線状のものと，非常に曲がりくねって編み合わさったように見えるものと2種ある．後者は，高地との境をなしているものが少なくない．リルには，クレーターから海へと下っていくように見えるものもあるが，両端で消えてしまうものもある．また曲がりくねったリルのあるものは，谷の中央へと巻き下っているものもあるが，これらの成因については，溶岩，水，あるいは熱いガスで運ばれた粒子によるという説があるがよくわかってはいない．

海にはまた，垂直に300mも地層がずれたと考えられている〈垂直な壁〉(Straight Wall)のような，海の部分の水準が急に不連続的になって急な斜面をつくっている地形が見られる．真直ぐなリルのあるものとともに，これらの地形は断層あるいは割れ目系のように見える．これが断層であれば，そこは古い内部の岩石を現わしているだろうし，浸食の効果をほとんど受けていないだろうから，地質学的に大きな興味があろう．

月の海で非常に一般的に見られるものに"ドーム"がある．これは，高さが1km以下の小丘であり，直径は10km以上のものも少なくない．例えばマリウス・クレーター付近に多数見られるもののように，水ぶくれのような構造が海から凸状に上がっている．溶けた溶岩のふき出しを現わしているものかもしれない．またガスの圧力で地面がふくれ上がって，破れないまま固まったものも多いであろう．

月の表側の海の部分は高密度の物質で充たされているようであることがルナ・オービターの軌道の分析から明らかにされ，これらの重力的異常はマスコン(mascons, mass-concentrations)と呼ばれている．海の盆地の下に高密度の大きな隕石が埋められている可能性や，海の盆地を充たしている溶岩が高い密度で月面の他の部分とは異なる組成のものである可能性などが議論されている．

D．月の直接探測

1．米ソの月探測の記録

1957年10月4日にソ連が最初の人工衛星スプートニク1号を打ち上げ，つづいて1958年1月31日にアメリカはエクスプローラー1号を軌道にのせたが，その直後からアメリカとソ連は月を宇宙開発の大きな目標とし，月の直接探測，人間の月着陸，そして月を基地とした地球や宇宙の観測などを目指して宇宙開発を進めた．1969年7月アメリカのアポロ11号によって2人の宇宙飛行士が月面の「静の海」に着陸し，月面を直接観察し，月物質を地球に持ち帰ることに成功して当面の目標を達成した．

月の直接探測を進めた画期的な記録として，表のようなものがある．

月探測の記録

名　前	国	発射年月日	重さ(kg)	結　果
月ロケット	米	1958. 8. 17	38	発射77秒で爆発
月(ルナ)2号	ソ	1959. 9. 12	390	月に命中した最初の探測器
月3号	ソ	1959. 10. 4	279	高度約7万kmより裏側を初めて写真撮影
レンジャー7〜9号	米	1964.7〜65.3	367	月面に命中，近接写真撮影とTV中継
月9号	ソ	1966. 1. 31	1,583	初めての軟着陸に成功，月面風景の撮影
月10号	ソ	1966. 3. 31	1,600	最初の月をまわる衛星となり，科学観測
サーベイヤー1〜7号	米	1966.5〜68.1	270	軟着陸による月面写真撮影，土壌分析など．2号と4号は失敗
ルナ・オービター1〜5号	米	1966.8〜67.8	385	月をまわる衛星として月面の写真の撮影
アポロ11〜17号	米	1969.7〜72.12	14,800（全重）	2人の宇宙飛行士による月面着陸，月面の観察，月物質を持ち帰る．13号は月面に降りず

2．初期の無人探測

最初の人工衛星打ち上げに続く月の無人探測で米ソがまず目標としたのは，探測器の月面への命中とそれに先立つ近接写真撮影，また地球からは見ることができない裏側の写真撮影であった．1958年8月18日にアメリカはテレビカメラを積んだ月ロケットの第1号を発射したが，1段目ロケットが爆発して失敗し，次いでパイオニア1〜3号も月に向けて発射されたがいずれも失敗した．

一方ソ連は1959年1月2日，月(ルナ)1号を発射し，順調に月へ向かったが命中には失敗し，月から7,500kmの距離を通過して最初の人工惑星となった．しかし同年9月12日に発射された月2号は，月面の「晴の海」へ命中した．月2号はソ連の紋章を刻んだペナントを積んでいたが，地球から他の天体への初めての到達であった．そして同年10月4日に打ち上げられた月3号は，10月7日に月の裏側にまわり込み，高度約7万kmから裏側の写真を撮影して地球へ電送した．画面が良好であった5枚の写真をもとに最初の月の裏側地図がつくられ，おもな地形にチオルコフスキー，モスコーの海，ソビエツキー山脈などと命名した（ソビエツキー山脈などはその後に鮮明な写真が得られて除かれた）．

3．月面の近接写真撮影

アメリカは無人探測器を月面に命中させ，それに先立って月面を近接写真撮影するレンジャー計画を進めた．約300kgの探測器はNASAとの契約でカリフォルニア工科大学のジ

ェット推進研究所(JPL)が設計製作し，1961年後半にその1号と2号によって性能テストが行われ，62年に入ってからは月命中をねらったが，3号は月に命中せず，4号は裏面に衝突し，5号も命中に失敗，6号は静の海に命中はしたが写真撮影はできず目的を果たせなかった．

　レンジャー計画が成功したのは，1964年7月28日に打ち上げられた7号が最初であった．テレビカメラによる近接写真撮影だけを目的としていた366 kgのこの探測器は予定されていた「雲の海」に命中し，衝突前の17分間に4,308枚の月面のクローズ・アップ写真を撮影し，地球に送った．次いで65年2月に打ち上げられた8号は「静の海」に命中し，その直前に7,138枚の近接写真を撮影，3月に打ち上げられた9号は，「アルフォンズス火口」の中央峰の北に命中し，その直前に5,814枚の近接写真を撮影するとともに初のテレビ生中継に成功した．こうして，合計17,260枚の近接写真を撮影してレンジャー計画は終わったが，月面上で直径1 m程度の小さな凹み（えくぼ）や岩石の塊，細かなしわや亀裂までを明らかにした．

4．軟着陸による探測

　1963年頃からソ連は月面への探測器の軟着陸をこころみていたが，数回の失敗の後1966年1月31日に打ち上げた月9号は，79時間の飛行ののち「嵐の海」への軟着陸に成功した．重さが約1,600 kgの月9号は月面から75 kmの高さで逆噴射ロケットをふかして減速し，最終的に約100 kgの探測器を軟着陸させた．探測器は近付のパノラマ写真を撮影して地球に電送したが，そこには大きさが約2 cmの小石まではっきり写っていた．月面には厚いほこりの層がないこと，月面放射線量が1日約30ミリラッドで地球上の自己放射能の約100倍であることが報告された（数日の照射では特に人体に害はない程度の放射線量）．

　続いてアメリカが同年5月31日に打ち上げたサーベイヤー1号は，約64時間の飛行ののちに「嵐の海」に軟着陸し，分解撮影による初のカラー写真を含め11,150枚の月面写真を撮影し，月面が灰色っぽく，部分的に赤茶けて見えることを明らかにした．また付近には直径約1 mの岩石が100 m²に約1個の割合で存在することもわかった．サーベイヤーは全重量が約1,000 kgで発射されたが，月面に軟着陸した探測器は約270 kgであった．サーベイヤー探測器はその後1968年1月に「チコ」に軟着陸した7号まで合計7個が打ち上げられたが，2号と4号は失敗した．成功した5個のうち，1号（嵐の海），3号（嵐の海），5号（静の海），6号（中央の入江）は月面の海の領域に，7号（チコ）は高地の部分に軟着陸して，海と高地の比較研究を可能にした．

　サーベイヤー探測器で撮影された写真は，合計6万～7万枚に達した．さらにサーベイヤー3号は小型シャベルで月面を掘り，5号はアルファ線を月面に発射し，反射してもどるアルファ線で月面物質を分析するという方法で月面土壌を分析した．その組成は，酸素58％，ケイ素18％，その他24％で地球上の玄武岩に近いことが明らかにされたが，玄武岩に比べるとチタンが多く，カリウムやナトリウムが少なかった．この結果から，月が地球から分かれたという説は否定されたと考えられ，また月にも昔は火山活動があって溶岩が月面に広がった可能性が大きくなった．6号と7号でも土壌分析などの実験が行われた．

RANGER IMPACT AREA

上：写真20 レンジャー7号が月面に衝
突前2.3秒で撮影したもの
で，高度は約5km，画面の
一辺は約 2.5 km．

下：写真21 レンジャー9号がアルフォ
ンズス・クレーターに衝突
前3分2秒で撮影したもの
で，高度は 425 km，画面の
一辺は約 200 km．

上：写真22 レンジャー9号が衝突前1分12秒で撮影したもので（写真21と異なるカメラ），高度は171 km，画面の一辺は約30km．クレーターの床のリルが見られる．

下：写真23 レンジャー9号がアルフォンズス・クレーターに衝突前33.7秒で撮影したもので，高度は80km，画面の一辺は約37km．

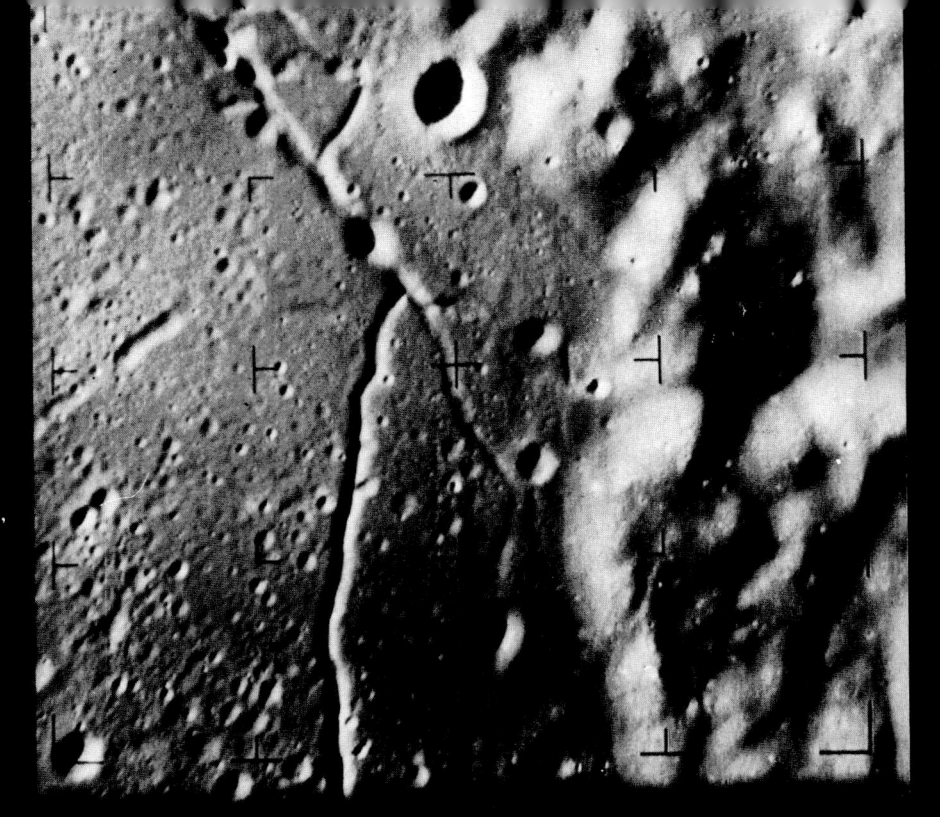

左：写真24 サーベイヤー1号が着陸地点から南東方向を撮影したもので，クレーターの直径は約3 m．
右：写真25 サーベイヤー1号が着陸地点から北東方向を撮影したもので，地平線までは約1.5 km．約20kmの距離に見られる山は，サーベイヤー1号が着陸した，古い，ほとんど埋もれたクレーターの外壁である．このクレーターの直径は約100 km．

5. 孫衛星による探測

月面軟着陸に成功した月9号に続いて，2か月後の1966年4月にソ連は月10号を最初の孫衛星とすることに成功した．月の近くで逆噴射ロケットを噴射して減速し，月をまわる軌道にのせたのである．近月点が360km，遠月点が1,000kmで月の赤道と約72°傾いた楕円軌道を約3時間で公転した．月を周回した探測器は約240kgで（発射時の全重は約1,600kg），宇宙塵（惑星間の微粒子）測定器，放射線計，磁力計などを積み，電池の寿命である約2か月にわたって月面とその周辺の測定を行った．こうして，月面の放つ放射線の強度が地球上の玄武岩が放つものに似ていること，また月周辺の宇宙塵密度が地球－月間の空間におけるより100倍も大きいなどと発表した．ソ連はその後1968年にかけて月11号，12号，14号を孫衛星とし，月面の写真撮影や月の引力圏の測定などを行った．

一方アメリカも月10号に4か月遅れて，1966年8月10日に打ち上げたルナ・オービター1号を同月14日に月周回軌道にのせるのに成功した．4枚の太陽電池をもつ重さ270kgの探測器は，近月点188kmで遠月点1,865km，傾斜角12°の軌道を周期3時間37分で周回し，広角レンズと望遠レンズのカメラで月面の高精度の写真を撮影し，自動現像した結果を地球へ電送した．ルナ・オービター1号はその後近月点を月面上40kmにまで下げて裏側を含めて月面の215枚の写真撮影を行い，また月の近くからの地球の写真も2枚撮影して10月29日に地球からの指令で月面に衝突した．

その後1967年8月に孫衛星となり68年1月末まで写真撮影を続けた5号までのルナ・オービターによって，全部で約980枚の月面写真により月面の99％が撮影された．これらの写真は表側と裏側の詳しい月面地図の作製に用いられ，またアポロ宇宙船の着陸地点の選定に役立った．さらにルナ・オービターが月をまわる際の軌道を分析して，「雨の海」や「晴の海」のような円形の海の部分で月の引力が強いことがわかり，マスコンが見つけられた（35ページ参照）．

6. 無人探測器による月物質採取

アメリカがルナ・オービター計画を終了した直後からソ連は，ゾンド探測器による月周回と地球帰還の実験を始めた．これは太陽電池をもつかなり大型の探測器と推測されており，1968年3月打ち上げられた4号は失敗したが，68年9月から70年10月にかけて打ち上げられた，5，6，7，8号はいずれも月周回と，その後のパラシュートによる地球への帰還に成功した．

このような技術をさらに進めて，ソ連は無人探測器による月の石や土の採取に成功した．人間の月着陸に成功したアメリカのアポロ11号発射の3日前（69年7月13日）に打ち上げられた月15号は失敗したが，月16号はみごとに目的を果たした．すなわち，1970年9月12日に打ち上げられた月16号は9月17日に月周回軌道にはいり，20日に「豊の海」に軟着陸して約100gの石や土をドリルで採取し，翌21日には地球からの指令で月面を飛び立って24日にソ連領内に軟着陸した．

さらに1970年11月10日に打ち上げられ，「雨の海」に軟着陸した月17号は，「ルノホート1号」と呼ばれる無人月面車をおろした．これは長さ2.2mで幅1.6mの8車輪の探測車で，約11か月にわたって月面上を約11kmにわたって走行し（電源は太陽電池），月面のパノラマ写真や2万枚以上の月面写真を撮影し，500か所以上で月面物質の物理的性質や強

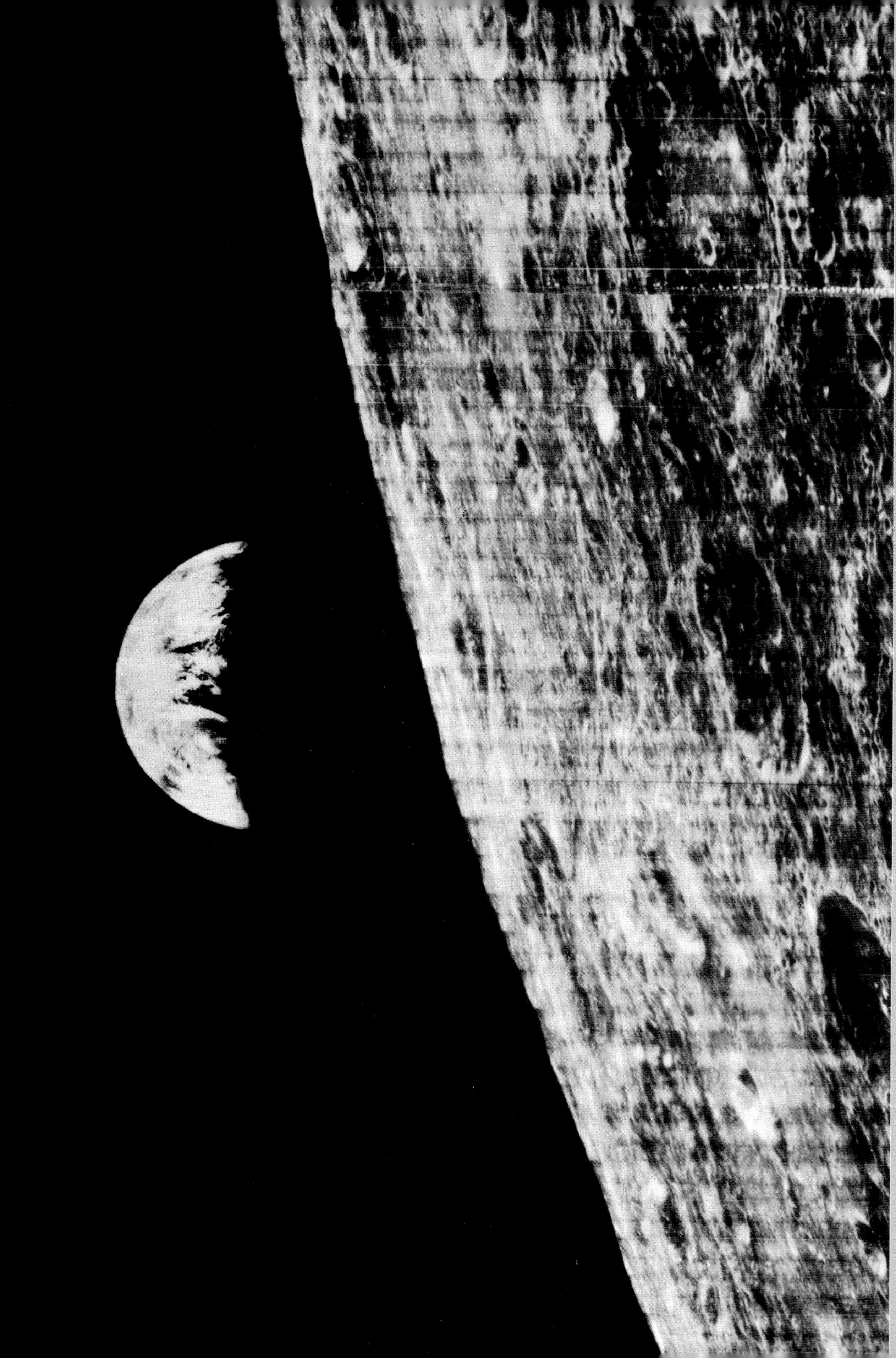

写真26　ルナ・オービター1号によって撮影された月面近くから見た地球の最初の写真（1966年）

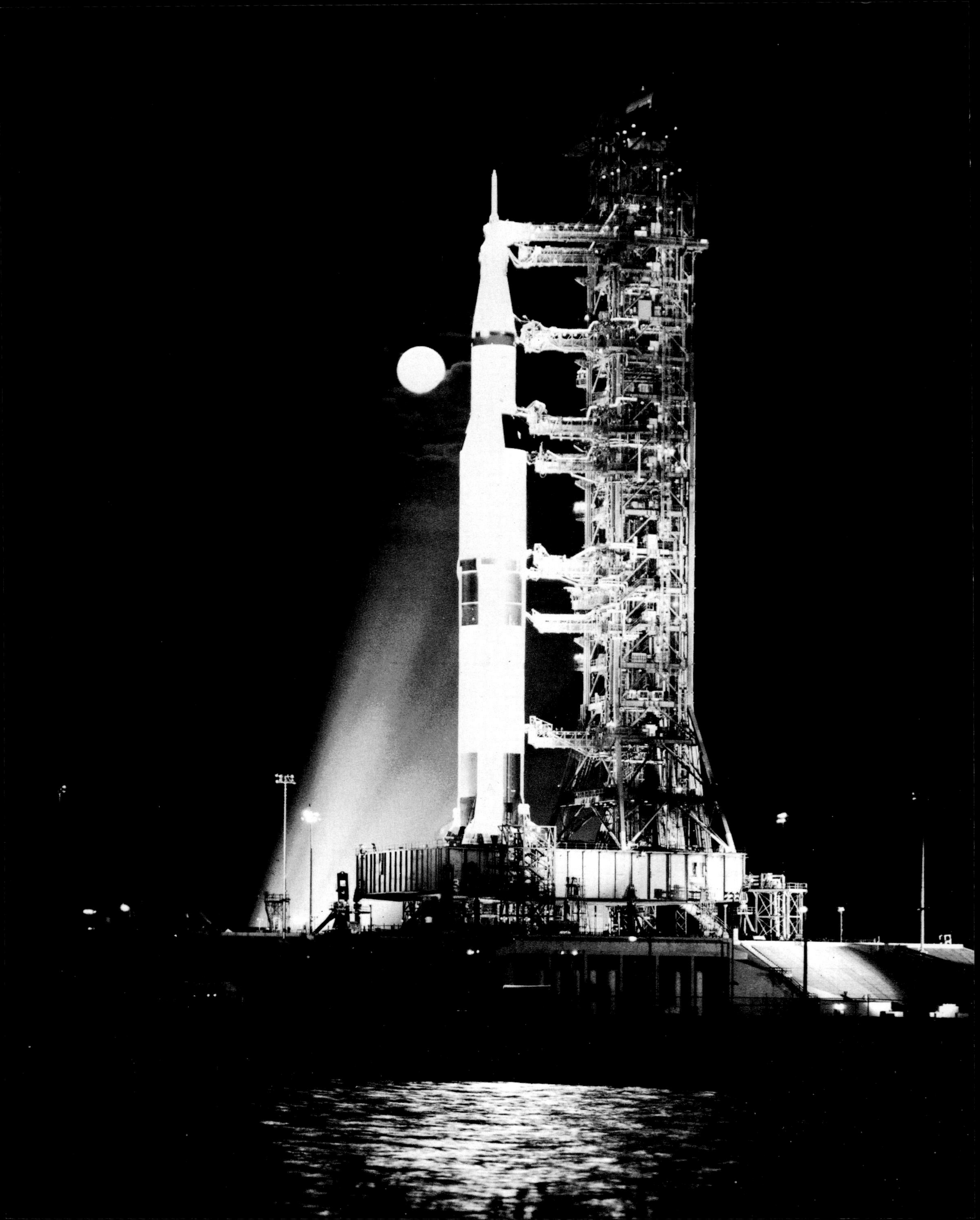

写真27　打ち上げ前のサターン 5 型ロケットとアポロ17号

度などを調べ，25か所で土壌の化学成分を分析した．月18号が山岳地帯への軟着陸に失敗したあと，月19号は孫衛星として月周回軌道上から月面の詳しい観測を続け，1972年 2 月14日に打ち上げられた月20号は，「豊の海」の端にある山岳地帯に軟着陸し，月面の石や土を採取したあと 2 月25日にソ連領内に無事帰還した．月21号（73年 1 月打ち上げ）は「晴の海」内のクレーターに軟着陸して，重さ 840 kgと 1 号より約 100 kg重いルノホート 2 号をおろして無人探測を行い，22号（74年 5 月打ち上げ）は月周回軌道から月面の探測を行った．さらに，月23号（74年10月打ち上げ）は「危の海」に軟着陸したが月物質の採取には失敗し，月24号（76年 8 月打ち上げ）は「危の海」に軟着陸して月物質を採取し，ソ連領内に帰還した．

このように月16号以後，無人探測器による月物質の採取や無人月面車による月面の物理・化学的探測や写真撮影など，ソ連は着々と多くの成果をあげていると考えられるが，写真や測定結果などそれらの成果は残念ながらアメリカの場合ほど発表されていない．

7. アポロ計画

レンジャー計画（1961～65），サーベイヤー計画（1966～68），そしてルナ・オービター計画（1966～67）と無人探測器による月面の探測と撮影が順調に進む一方でアメリカは，1 人乗りの有人宇宙飛行であるマーキュリー計画（1961～63），2 人乗りの有人宇宙飛行のジェミニ計画（1965～66）で宇宙ランデブーやドッキングなどの実験を進め，人間の月着陸の計画（アポロ計画）を推進した．もともとアポロ計画は1961年 5 月25日に当時のアメリカ大統領ケネディ（John F. Kennedy）が，"1960年代が終わる前に，月に人間を着陸させ，無事に地球へつれもどす．アメリカはこの目的を達成するため，準備を始めるべきだと，私は信じる．……人類にとって，これほど心をうつ計画はない"と議会で演説したことで具体的に始められたものである．そしてアポロ計画を実施する方法として翌年にはNASAは，地球から打ち上げた母船を月をまわる孫衛星の軌道にのせ，そこから着陸船を出発させて月に軟着陸させ，2 人の宇宙飛行士による探測後に着陸船を月面から発射させて月周回軌道上で再び母船とドッキングさせ，母船が地球に帰還するという方式を採用し，それに沿って打ち上げのロケット，母船や着陸船の計画を始めた．

打ち上げ用のロケットとしては，サターン 5 型ロケットが開発された．これは直径が 10 mで高さはアポロ宇宙船を含めて 110 m，全体の重さは約 2,700 トンで1967年に完成し，初めての有人月周回飛行を行ったアポロ 8 号の打ち上げからアポロ計画に用いられた．燃料は 1 段目ではケロシン（灯油）を，2 段目と 3 段目ではもっと効率のよい液体水素が用いられた．

月に向かって飛ぶアポロ宇宙船は，司令船，機械船，月着陸船の三つの部分で構成され，打ち上げのときには司令船の先端に緊急脱出用ロケットが取り付けられている．円錐形をした司令船は底面の直径が 3.1 mで高さ 3.2 m，発射の際は 3 人の宇宙飛行士を含めて約 5.9 トンであるが，飛行中に姿勢制御用ロケットの燃料を消費したりするので地球へ帰還し着水する際は約 5.3 トンである．ここは 3 人の宇宙飛行士の居住船で，宇宙船全体を操縦し制御する司令装置を備えており，月面着陸と探測を終わって地球へもどってくるのはこの司令船だけである．そして地球へ帰る際のため表面には厚い

耐熱材をはってあり，船内には 1/3 気圧の純粋な酸素ガスがつめられ24℃の温度に保たれるようになっている．

機械船は直径が 3.9 m で高さ 7.4 m，月までの途中で宇宙船の軌道を修正したり，月の近くで減速して月周回軌道にはいったり，月周回軌道から加速して地球へ帰還する軌道にはいるときに使用するロケット・エンジン，および姿勢制御用の 4 個のロケットが取り付けてあり，そのための燃料と酸化剤，燃料電池，宇宙飛行士の呼吸用酸素なども積まれている．

月周回軌道と月面を往復する月着陸船は，地球から発射するときは機械船の下にある．宇宙船が月に向かう軌道にのった後で，司令船と機械船（これは月周回軌道に残る母船である）は月着陸船の格納容器から離れて 180 度回転し，司令船の尖った先端部分を月着陸船に向けてドッキングする．司令船の先端と月着陸船の間には直径80cmのトンネルがあって，宇宙飛行士たちはここを通って司令船と月着陸船の間をゆききできる．

月着陸船は下降部と上昇部からなり，全体の高さは約 7 m で 4 本の足をのばすと直径が約 9.5 m ある．からのときは約 4 トンであるが，ロケットの燃料と宇宙飛行士 2 人の体重を含めると約15トンである．下降部には月面着陸の際に用いる減速用の逆噴射ロケットが取り付けてあり，その燃料や水と酸素のタンク，月面の科学観測装置などが積んである．下降部は，月面探測を終わった上昇部が月面を飛び立つ際の発射台の役目をする．月面を探測する 2 人の宇宙飛行士が乗るのは上昇部であり，内部には司令船と同じく 1/3 気圧の酸素ガスが充たされ24℃に調節されている．

8. アポロ有人月探測

月へ向けてのアポロ宇宙船の最初の有人飛行テストは，1968年12月21日にアポロ 8 号で行われた．ケープケネディ（現在はもとものケープカナベラルと呼ばれている）からサターン 5 型ロケットによって打ち上げられ，3 人の宇宙飛行士をのせたアポロ 8 号（この時点では月着陸船は未完成で司令船と機械船のみ）は，発射後約55時間半で月の引力圏内にはいり（月からの距離は62,000km），発射後約69時間で月を回る孫衛星の軌道にはいった．そして軌道を修正して近月点が111.2kmで遠月点が114.8kmのほとんど円軌道とし，月を10周した後に機械船とドッキングして地球へ帰還した．中部太平洋の予定海域に着水するまでの全飛行は 147 時間であった．月周回中に月面の風景をテレビで地球へ中継し，月面は色がなくほとんど灰色であって焼石こうのように見えること，クレーターはすべてかどがとれて丸くなっていること，ラングレヌス・クレーターの外壁は階段状になっていて 6 つか 7 つの段々が下の方までついていることなどと，100 kmの距離から肉眼で眺めた月面を述べた．

1969年 3 月 3 日には，完成した月着陸船をつけたアポロ 9 号が打ち上げられ，地球のまわりを161周（241時間）して宇宙船や月面宇宙服などについて種々のテストを行った．続いて1969年 5 月18日にはアポロ10号が発射された．月着陸船をつけて 3 人の宇宙飛行士が乗りこみ，月周回軌道において月着陸船の母船からの切り離しと下降および上昇ロケットのテスト，母船とのドッキングなど月着陸のテストを行った．この際に月着陸船は月面から約14kmのところまで下降し，下降部を切り離した．月を周回した約62時間を含め，総飛行時間は 192 時間であった．

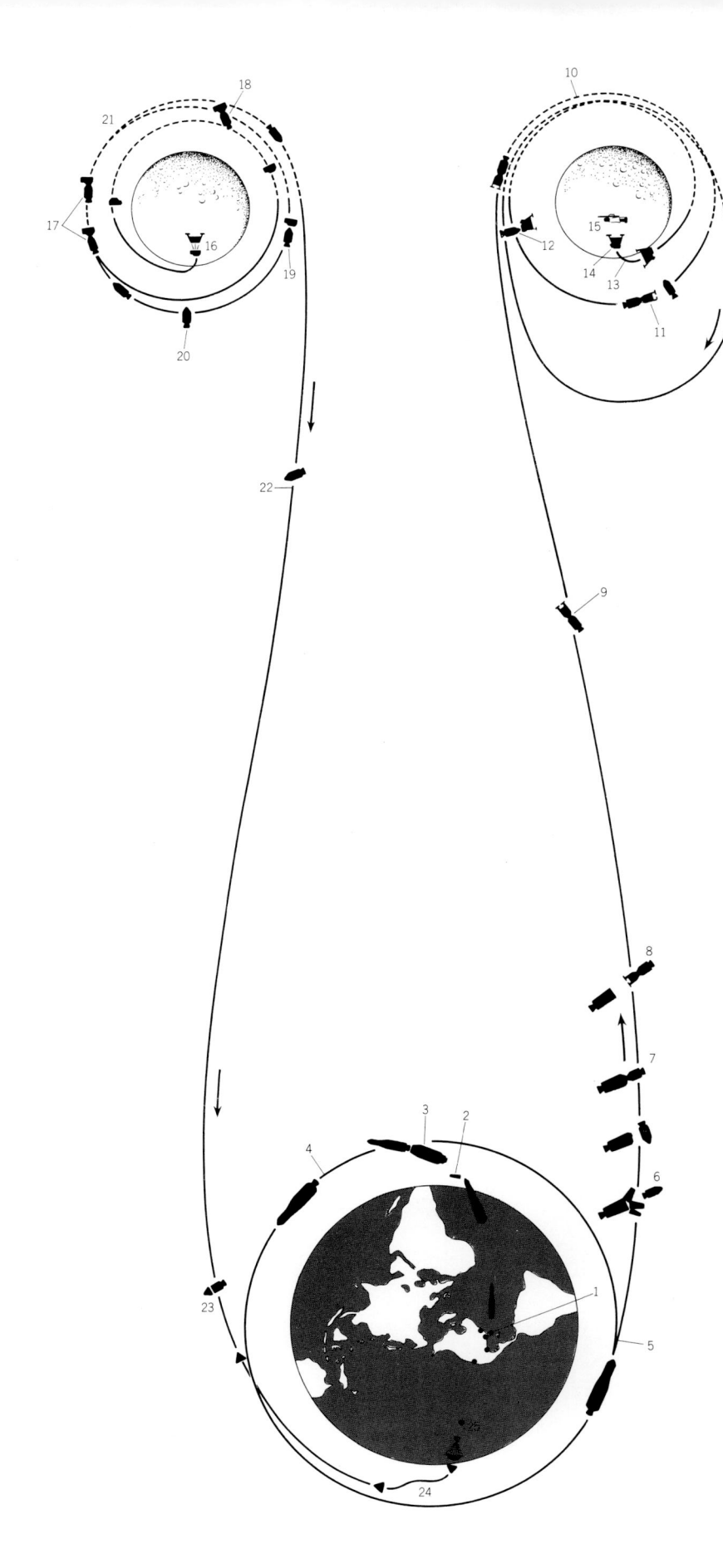

図9 アポロ飛行の概要

1. 打ち上げ
2. 緊急脱出用ロケットの放棄
3. 2段目ロケットの切り離し
4. 地球をまわる軌道
5. 月への軌道にのる
6. 宇宙船の組みかえ．母船（司令船・機械船）が回転、月着陸船を引き出す
7. 母船が月着陸船とドッキング
8. 3段目ロケットを切り離し，回転して月に向かう
9. 軌道修正
10. 月をまわる楕円軌道にはいる
11. 2人の宇宙飛行士が月着陸船へ移る
12. 月着陸船が母船を離れる
13. 月着陸船が月面に降下をはじめる．母船は高度約11kmの月をまわる軌道にのこる
14. 月着陸船が月面に着陸
15. 2人の宇宙飛行士による月面活動
16. 月着陸船の離陸
17. 月着陸船と母船のドッキング
18. 2人の宇宙飛行士および装置が母船へ移る
19. 月着陸船の切り離しと放棄
20. 地球帰還の準備
21. 地球にかえる軌道へ
22. 軌道修正
23. 司令船と機械船を切り離す
24. 通信の途絶え
25. パラシュートをつけた司令船の着水

＊月の裏側の破線部分では地球と交信はできない．また図中の大きさや距離は誇張してある．

写真28 アポロ15号から用いられた月面車．アペニン山脈とハドリー谷の間の着陸地点から月面車によって約10kmの地点まで到達した．全走行距離は約28km．

最初の人間月着陸を行ったのは，アポロ11号である．アームストロング船長(Neil Armstrong)，コリンズ司令船操縦士(Michael Collins)，およびオルドリン月着陸船操縦士(Edwin E. Aldrin, Jr.)を乗せたアポロ11号は，1969年7月16日午前9時32分（米国東部夏時間）にケネディ宇宙飛行センターからサターン5型ロケットによって打ち上げられた．75時間50分の航行の後で宇宙船は月周回軌道にはいった．20日午後1時45分に月着陸船を母船から切り離し，同日午後4時17分40秒に月面の「静の海」の南西部（東経23°49′，北緯0°67）の高地に近い海の部分に着陸した．休養後7月20日午後10時56分20秒（日本時間では7月21日午前11時56分20秒），アームストロング船長は人類として初めて月面に降りた．その際，"That's one small step for a man, one giant leap for mankind" と彼は月面第一声を地球へ伝えた．続いてオルドリンも月面に降り，月面に米国旗を立て，月面物質を採取し，地震計とレーザー光線反射鏡，太陽風採集器を据えるなど2時間32分にわたって月面を探測した．そして仮眠後21日午後1時54分に上昇用ロケットによって月面を飛び立ち，母船とドッキングして，24日午後零時51分に無事中部太平洋に着水した．総飛行時間は195時間19分であり，月面滞在時間は21時間36分であった．地球へ持ち帰った月面物質は22kgで，それらは米国の科学者106人，米国外の8か国の科学者136人に少量ずつ分けられ，研究された（わが国では3人の学者がもらった）．

　アポロ11号の成功に続いてアメリカはアポロ宇宙船による有人月探測を進め，次々と月面滞在時間を延ばし，行動範囲を拡大し，また採取して持ち帰った月面物質の量をふやした．こうして1972年12月7日に打ち上げられたアポロ17号をもってアポロ計画を終わり，その間に6回の有人月面探測を行った（13号は月面に着陸しなかった）．

　このうち11号，12号は海の部分に着陸したが，14号，15号，16号，17号は高地あるいは山脈に近い地域に着陸した．また15号からは，四輪の月面車を用いて広範囲の月面が探測された．例えばアポロ15号の月面車は3回にわたって合計約28kmを走行し，月着陸船から約10kmの距離まで到達した（アポロ11号では60m，12号では420mであった）．また月面滞在時間も17号では75時間におよび（11号は21時間36分），月面活動時間も22時間5分（11号では2時間32分）であった．また採取され地球へ持ち帰られた月面物質は，17号では115kgであり，6回のアポロ探測によって合計約386kgの月面物質が地球へ持ち帰られた．

9. アポロ月探測の成果

　月面活動を行った6回のアポロ探測の記録を表にまとめておく．

アポロ探測の記録

	打ち上げ	回　収	飛行時間	結　　　　果
11号	1969.7.16	7.24	195時間19分	最初の人間月着陸．着陸地点は静かの海の南西部（東経23度29分，北緯40分）．月面に21時間36分滞在し，月面活動は1回で2時間32分．持ち帰った月面物質は22kg
12号	1969.11.14	11.23	244時間36分	着陸地点は嵐の海（西経23度25分，南緯3度2分）．月面に31時間32分滞在し，月面活動は2回で約8時間．持ち帰った月面物質は約33kgで，他にサーベイヤー3号のテレビカメラを持ち帰った．
14号	1970.1.31	2.9	216時間2分	着陸地点はフラマウロ高地（西経17度29分，南緯3度40分）．月面に33時間30分滞在し，4時間47分と4時間35分の2回の月面活動を行った．持ち帰った月面物質は約43kg．
15号	1971.7.26	8.5	242時間37分	着陸地点はアペニン山脈とハドリー谷の間（西経3度39分，北緯26度6分）．月面に66時間55分滞在し，月面車を使って3回で合計18時間37分の月面活動．持ち帰った月面物質は約77kg．
16号	1972.4.16	4.27	265時間51分	着陸地点はデカルト高地（南緯10度，東経16度）．月面に71時間3分滞在し，月面車を用いて3回で合計20時間15分の月面活動．持ち帰った月面物質は約96kg．
17号	1972.12.7	12.19	301時間52分	アポロ計画で最後の着陸．着陸地点はタウルス・リトロー地域（北緯20度10分，東経30度45分）．月面に75時間滞在し，月面車を用いて3回で合計22時間5分の月面活動．持ち帰った月面物質は約115kg．

E. 月 の 構 造

1. 大 気

　月に大気がほとんどないことは，地球からの観測によって以前から知られていた．例えば星食においては，月の縁によって星が隠される瞬間まで星の明るさと色が変わらないことが観測されており，月には地球大気と比べて10^{-10}をこえる大気がないことが推定されていた．また，かに星雲の電波が月によって星食を起こす現象の観測からは，月の大気は地球大気の10^{-12}以下であることが求められていた．

　月面では内部からのガスの噴出が観測されたことがあるが（N. Kozylev, 1958年11月など），海の部分をつくった溶岩流などから過去に噴出したガスと同様に，月面での脱出速度が小さいことと月面の温度が高くなることによって短期間のうちに脱出してしまったと考えられる．実際月面での脱出速度は2.38km/sec（地球表面では11.2km/sec）であるのに対して，分子の熱運動の平均速度は水素で1.9 km/sec，水蒸気で0.6 km/secであり，この速度は絶対温度の平方根に比例して増大するからである．そして脱出速度が分子の平均速度の3倍をこえなければ数週間で，5倍をこえなければ1億年以内にガスは半減する．さらに太陽風は，月面にしみ出してくるわずかなガスを有効に取り除くと考えられる．こうして現在にも過去にも月には大気というものは実質的に存在せず，月面はゼロ圧力のもとで直接に宇宙空間にさらされていると考えてよい．

　したがって月はその歴史を通じて，表面上にいかなる液体も（もちろん水も）ある期間にわたって存在していたことはない．つまり月はカラカラに乾いていたのである．実際月面には，流水によって生じた影響も，表面岩石中に閉じこめられた水が氷結や融解して形成したなんらの特徴も見られない．こうして月面においては，地球表面の岩石や地形を形成するのに重要な役割を果たした水や風に関連した浸食や風化は働かなかった．また沈殿現象が原因するいかなる岩石も形成されなかったのであり，そのことはアポロ宇宙飛行士が採取した月面物質の分析によっても確認されている．

　大気が存在していないため，月では太陽光は地球大気中におけるように散乱されることはなく，地球のような青空は見られない．また大気による太陽光の屈折がないため，日の出前や日没後の薄明はない．そして太陽や宇宙空間からのX線や紫外線，宇宙線などの放射は大気に妨害されることなく月面に照射し，また磁場がないために地球と違って太陽風も直接に月面に照射する．

2. 月の地震と内部構造

　月の内部構造についてのわれわれの知識は，運動や形，平均密度と表面物質の密度，月面に設置された地震計の観測によって得られたもので，きわめて散在的ではあるが地球に次いで内部に関する情報が得られている．

　月の平均密度は$3.34 g/cm^3$で，地球の地殻の平均密度（約$3.3 g/cm^3$）に非常に近いが，地球の平均密度である$5.52 g/cm^3$に比べるとかなり小さい．アポロ宇宙船が持ち帰った月面岩石の平均密度は$3.1～3.5 g/cm^3$の範囲にあって，月全体の平均密度とほとんど等しい．このことから，月の内部では物質は大きな分化過程を受けていなかったこと，あるいは密度があまり変わるような分化過程は受けなかったことが予測される．月の物質が全体として均一であることは，物理的秤動のような月の運動からも推測されていたことである．

　月の物質がほとんど均一であれば，その中心圧力はすぐに

51

求めることができる．中心圧力は約47キロバールであり，これは地球では地表からわずか150 km程度の深さでの圧力である．この圧力は実験室で実現することができ，一般のケイ酸塩岩石の密度はこの圧力で4％程度しか増加しないことが測られている．このことは，月の内部が均一であると考えたことと矛盾しない．

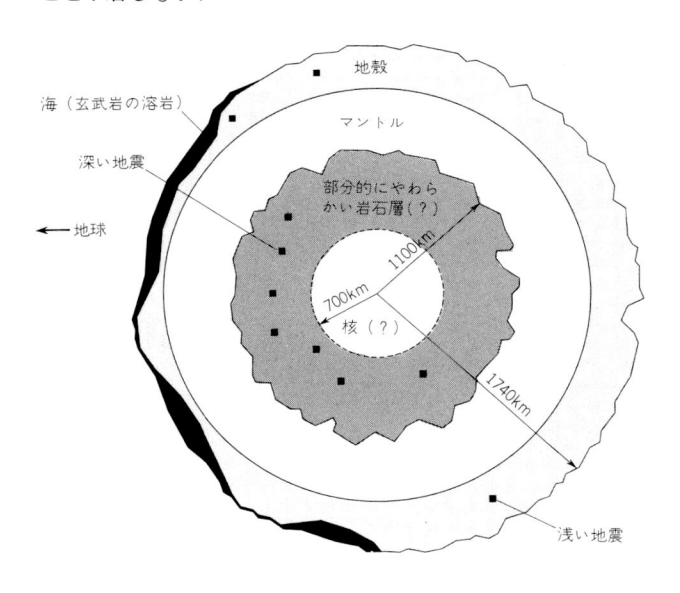

図10 月の層状構造

月の物質が表面から中心までほとんど変わらないといっても，月の内部が全く分化していないということではない．そのことは，アポロ宇宙飛行士によって月面各地に設置された地震計群の測定から知られる．アポロ12号以降が設置した地震計は原子力電池を具えていて長期にわたって観測を続け，その結果月の内部について多くの情報が得られた．

地震計の観測からまずわかったことは，地震的には月が地球に比べて桁外れに静かなことである．月では隕石の衝突や時折りクレーターの崩壊などで起きる外因的な振動のほか，内部的な原因による地震が起きている．しかし地震波の形で消費される地震エネルギーは1年間に1億ジュール程度以下で，地球に比べて数十億分の1以下に過ぎない．アポロ地震計が設置されてから記録された最大の地震でも，震源の真上にいる人体に感ずる程度より小さいものであった．このことからも，現在の月には火山活動や溶岩の流出などのないことが推測できる．

3. 月の層構造

月面各地におかれた地震計群の観測によって，地震が月面から800〜900kmという非常に深い部分で起こっていることが知られている．これは月の半径の約半分であり，地球においては地下100kmより上で地震が起こっていることと非常に異なっている．この地震活動は，1か月の周期で月と地球の距離が変化するにつれて変化し，月が近地点にあって地球にもっとも近づいた時に極大になる．この種の地震は，近地点における地球の潮汐力が引き金になっていることが推測される

月面下の800 km以上も深いところで地震が起こっているということは，そのくらい深いところである程度のひずみを支え，横波を伝えるだけ十分な剛性を岩石がもっていることを示している．すなわち，そのような深いところでも，温度は1,000℃〜1,200℃程度と低くて，岩石の融解点に近くないものと推測できる．この深さより上には溶けたやわらかい岩石はほとんど存在しないが，その下には融解点に近くてやわらかい岩石層があるものと考えられる．

月の地震は地球の地震と非常に異なる特性をもっている．地球の地震は数秒から数分で弱まるが，月面での振動は1時間以上も続く．これは，地球と違って月に海がないことも関係しているかもしれないが，コパール（Z.Kopal）は月面下25km程度までの，主として玄武岩の細片された層内で地震波動が非常に散乱されるためであるとしている．

　地震波の伝播速度の分析から，月の内部も地球内部のような層構造をしており，物質が分化していることが推測されている．地震波の速度は約25kmの深さで変化しており，隕石の衝突などによって細片された玄武岩層から固い玄武岩層へと移っているものと考えられる．次に深さ約60～70kmのあたりで地震波の速度ははっきり変化しており，そこを境にして上下で，地球における地殻とマントルと同様な化学的分化をしていることを示している．地殻の部分は低温度の玄武岩であり，マントルの部分はやはり低温度（1,000℃～1,200℃以下）のカンラン岩かダナイト（カンラン石を含む岩石）と考えられている．

　マントルは月面から800～900kmまでは低温度で固く強い部分と考えられるが，地震波の伝播からは，中心部には溶融した核があるようにも考えられている．それは，月の裏側で起こった地震の振動のあるものをアポロ地震計が検出することができないためであり，その半径は600km程度であるらしい．

4．磁　　　場

　地表での強さが約0.5ガウスという地球の磁場は数百年以前から知られているが，月の磁場に関する情報が得られるようになったのは1960年代になってからである．すでにソ連の月2号（1959年）は月の磁場がきわめて弱いことを見つけたが，その後アメリカのエクスプローラー35号（1967年）による測定もそれを確認している．アポロ宇宙飛行士たちの測定によると月面での磁場の強さは10^{-5}ガウス以下であり，実質的に磁場がないといってよい．アポロ宇宙船が地球に持ち帰った岩石のなかにはこれより強い磁場が凍結されて見つかっているものがあるが，それらは局所的なものであり，隕石などの外部的な原因によるものかもしれない．磁場がないことからも，月には認められる程度の金属核はないことが推測される．

F. 月面物質と月の歴史

1. 月面物質の組成

サーベイヤーをはじめ月面に軟着陸した無人探測器による月面物質の分析と、アポロ宇宙船によって採取され持ち帰られた月面物質の分析結果では、海の部分も山の部分も、月面は玄武岩質の厚い層でおおわれていると考えられる。実験室での分析により得られた月面物質の原子・分子成分は右ページの表のようなものであり、海と山の部分において非常に大きな違いはない。主要な成分は酸素とケイ素で、ケイ酸(SiO_2)が40％(重量)以上になる。次いで酸化鉄(FeO)が約20％、酸化アルミニウム(AlO)が10〜15％、酸化カルシウム(CaO)が数％、二酸化チタニウム(TiO_2)が2〜11％、酸化マグネシウム(MgO)が7〜12％、その他は1％以下である。

こうして明らかにされたことは、化学的に月は太陽とも地球とも、また隕石とも違っていることである。化学組成で特に目立つのは、鉄およびチタンの存在量が地球や隕石、また太陽大気よりずっと多いことである。

2. 海の岩石

静の海や、嵐の海から持ち帰った物質は、多数の岩石のかけらと黒色の細粉である。

岩石は、火成岩性の微ないし中程度の粒状結晶質の岩石と、複雑な成因の角レキ岩と呼ばれる岩石の2種類である。化学成分はいずれも似ており、比重は3.3で地球の岩石(地殻の平均)よりやや大きい。上に述べたように、化学組成が地球上の岩石とも隕石とも違っているばかりでなく、結晶質の岩石の鉱物学的特徴も地球とも隕石とも異なっていることが注目された。つまり成分も鉱物学的特徴も、月の岩石は月そのものの特徴をもっている。

結晶質の岩石は、地球上に見られる玄武岩と似た成分鉱物でできている。それらは、輝石、長石および斜長石である。それに加えて少量のカンラン石と、鉄とチタンの酸化物であるチタン鉄鉱を含んでいる。カンラン石の含有量は地球の玄武岩と同程度であるが、チタン鉄鉱は地球上の玄武岩におけるよりずっと多量である。玄武岩質のマグマが固結して生じたものであることがわかったが、チタン鉄鉱が多いことはマグマにチタンと鉄が多いことを示している。

これら結晶質の岩石では意外に結晶がよく、岩石がゆっくり冷えたことを示している。また岩石が月の表面に現われてからは、水に接したことがないことを示している。しかし大部分の岩石はまるみをおび、一部は砂を吹きつけたような外観をしている。これは微小隕石などによる浸食と考えられる。

角レキ岩は、結晶質の火成岩やガラス、種々の鉱物のかけらなどがくっつき合ってできている不均質な岩石である。それらがどうしてできたものかは明らかではないが、そのあるものには、衝撃を受けて変形した鉱物が含まれているので、隕石が月面に衝突したときの衝撃でできたものもあると推測される。

3. 海の細粉

採取された細粉は見かけ上黒灰色で、直径が0.5 mm以下のガラス玉が多数発見され、また岩を包んでいた黒い粉の半分ほどは細かいガラス玉であった。粉の残りは、角ばったガラス片と結晶質火成岩や種々の鉱物のかけらであった。これらの細粉や砂が集まったのが角レキ岩であるが、どんな機構で石の形に集まったのかはわかっていない。細粉には、その他に少量の隕鉄も含まれている。

月と地球の地殻の平均的組成（重量%）

元素	月	地球
酸素	43	46
ケイ素	30	28
アルミニウム	7	9.1
カルシウム	6	5
マグネシウム	4	4
鉄	15	3.6
ナトリウム	0.3	3
カリウム	0.1	1.3
チタン	4	0.6
炭素	<0.01	0.08
マンガン	0.03	0.05
窒素	<0.01	0.003

月面岩石の平均的分子成分（重量%）

分子	アポロ11号	アポロ12号	アポロ14号	アポロ15号
SiO_2	41	40	49	46
FeO	20	21	20	22
AlO	9	11	16	9
CaO	11	10	10	10
TiO_2	11	4	2	2
MgO	8	12	9	9
CrO	0.4	0.6	0.2	0.7
NaO	0.4	0.5	0.5	0.3
MnO	0.3	0.4	0.2	0.3
K_2O	0.1	0.07	0.3	0.03

アポロ11, 12号は海，14, 15号は高地に着陸した．

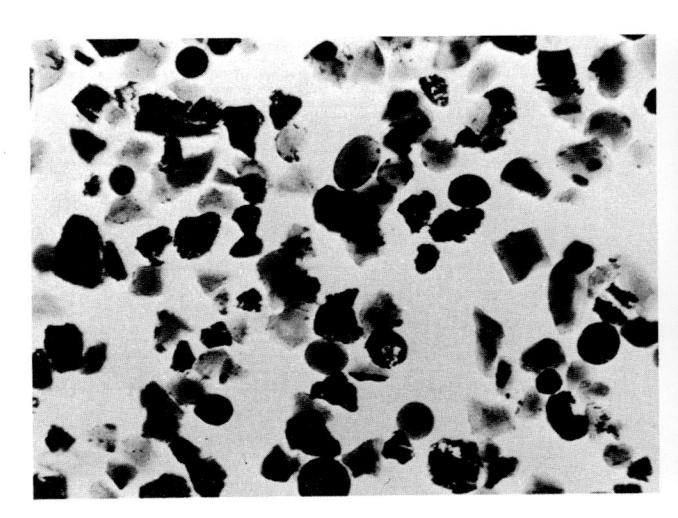

写真29　アポロ17号が採取した月面粉末の顕微鏡写真．淡い円形はオレンジ色のガラス玉で，鉛，亜鉛，イオウのような揮発性元素に富み，火山起源のものと思われる．濃い円形はアポロ15号が採取した緑色のガラス玉．

写真30　月の岩石の顕微鏡写真．ほとんどが斜長石である．

細粉は海の部分を広くおおっている．月表面にあった岩石が，温度の変化によって膨張と収縮を繰り返すことで自らこわれたり，隕石の衝突によって砕かれたりすることにより，次第に生じたものと考えられる．海の部分はこのように，細粉と玄武岩質の結晶質火成岩や角レキ岩などでできていると考えられる．

4. 高地の岩石

高地で採取された玄武岩は実際は角レキ岩である．はじめ隕石衝突で破壊され，後にさらに衝突でふたたび固められたものと考えられる．高地の玄武岩の主要な鉱物は斜長石である．輝石は含まれているが，海の玄武岩よりずっと少量であり，チタン鉄鉱は痕跡程度しか含まれていない．黒い鉱物であるチタン鉄鉱が，海の部分の玄武岩には含まれているが高地の玄武岩には含まれていないことが，月の海の暗いことの理由であると考えられる．

海と高地の部分では化学組成も異なっているが，重要な違いはアルミニウムと鉄である．アルミニウムは高地では海より多いが，鉄は高地では少ない．高地の岩石の密度が約2.9 g/cm³で，海の岩石の密度（3.3 g/cm³）より小さいのはそのためである．

5. 水と生命体

アポロ宇宙船が採取した月物質について，岩石中の水分はもちろん，鉱物結晶中に閉じ込められた分子としての水も調べられたが，月の岩石は自由な水ばかりでなく，結晶構造内にも水分子を含んでいなかった．このことから，現在の月には地球上で知られているような生命はないと考えられる．また月面物質の年齢測定から，月の岩石は約30億年にわたって現在の状態にあったと考えられるので，少なくともその期間にわたって地球上で知られているような生命は月に存在しなかった．また月の岩石には，生物体に原因すると考えられるいかなる有機物質の痕跡も見つけることができなかった．また化石的有機物も見つけられなかった．

6. 月面岩石の年齢と月の歴史

アポロ宇宙船によって採取された岩石や細粉などの月面物質は，放射性崩壊の方法で年齢測定が行われた．こうして得られた年代は，現在の結晶構造の形でいた期間，すなわち最後にそれら岩石などが溶けてからの時間である．

こうして測定された結果は，高地の岩石の年齢は少なくとも40億年であり，月が形成されて6億年以内に結晶したことを示している．これまで月面で見つけられたもっとも古い岩石はいくつかの高地の岩石でその年齢は42億年であり，岩石の細粉のなかには年齢が46億年のものも見つけられている．このことは，高地の表面は月が形成されて，1億年以内に溶けて再び固まったことを示している．この時間は，月を形成した物質に含まれていたウランなどの放射性元素の崩壊による熱で月面物質を溶かすには足りない．

このことから，形成直後の月面は隕石状物質のはげしい衝突によって溶かされたと推測される．太陽系の惑星や衛星は，原始太陽雲内でつくられた冷たい隕石状物質が付着し凝縮し，これに微塵やガスが捕えられて形成されたと考えられている．そして形成過程の最終段階において，原始太陽系内に残存していた無数の隕石状物質をその重力で引き寄せた結果，隕石のはげしい衝突が起こったものと推測される．隕石は衝突に

写真31　地球から見た月面の古い高地の表面（リック天文台，3m反射鏡）

際して熱を原始惑星や原始衛星に与え，短時間に充分多数の衝突が起こっていればその熱は惑星や衛星の表面をある深さまで溶かすのに充分であったと考えられる．

　海の部分も高地も，月の全表面が玄武岩でおおわれていることがアポロ宇宙船によって明らかにされたが，地球上においては玄武岩は溶けた溶岩の冷却によってだけつくられることを考えれば，月の表面は過去のある時期においてすっかり溶けていたはずであり，46億年の年齢の物質が見つかっている高地は，隕石衝突によって表面が溶けたことを示している．

　これに対して，原始月物質内に含まれていた放射性元素の崩壊によって放たれる熱によって，充分な時間をかければ月の内部と表面を溶かすことが可能である．しかし放射性元素の崩壊は非常にゆっくりしたものであるため，地球型惑星や月の内部を溶かすには10億年程度の時間を必要とする．

　アポロ宇宙船によって海の部分から採取された岩石は31億年ないし38億年であって平均35億年であり，月が形成されてからおよそ10億年経過した後に結晶化したことを示している．この時間は，高地における場合と違って，放射性元素の崩壊によって月内部の岩石を溶かしてそれを月面にあふれさせるのに充分なものである．おそらく円形をした月の海は，高地を溶かしたごく初期において大隕石（直径が100 km程度の小惑星大の天体）の衝突によって生じた盆地に，内部から流出した溶岩がたまって形成されたものと推測される．

　海の部分から採取された岩石のもっとも古いものの年齢が38億年であることから，内部からの溶岩の流出や，それにともなう火山爆発や地震などの活動は数億年にわたって続いたものと推測される．そして，およそ30億年以前に起こった溶岩流出を最後に月は地質学的にほとんど死の天体となったも

のと考えられる．

　はげしい隕石衝突によって形成直後の月面はすっかり溶けたが，衝突が衰えるとともに溶けた外層部は冷えて固まり，一方では形成後10億年くらいまでに内部は放射性元素の崩壊による熱で部分的に溶け，地殻の割れ目を通って表面にあふれ出たのである．その時期にもなお隕石の衝突は起こっており，今日高地に見られるクレーターをつくったと考えられる．また，丸い海の盆地をつくったのも，なお内部からの溶岩流出が続いていた時期に起こった小惑星大の隕石衝突であろう．

　月は小さいために急速に熱を空間に放出して冷え，冷たい岩石の外層部はどんどん厚くなってきた．アポロ地震計の測定によるとその厚さは800 km程度と考えられており，それより内部は現在もなお岩石は暖かく柔らかく，部分的には溶けていることも考えられるが，厚く固い岩石圏のために溶岩が月面まで上がってくることはおよそ30億年以来起こってはいない．また岩石圏は厚いために，地球におけるようにさまざまな地質学的活動をしながら相互に動くプレートに割れることもなかったと考えられる．

7．月 の 起 源

　月がどのような過程によって，どこで形成されたかについては19世紀末以来いくつかの説がある．

　潮汐説あるいは分裂説と呼ばれているものは1898年にダーウィン（George Darwin，進化論のダーウィンの息子）によって提出されたもので，誕生後まもなく急速に自転しているやわらかい地球から遠心力によってもぎ取られたとするものである．彼はその跡が太平洋になったと考えた（月の半径は地球の約1/4であり，その密度が地殻のそれに似ている）．し

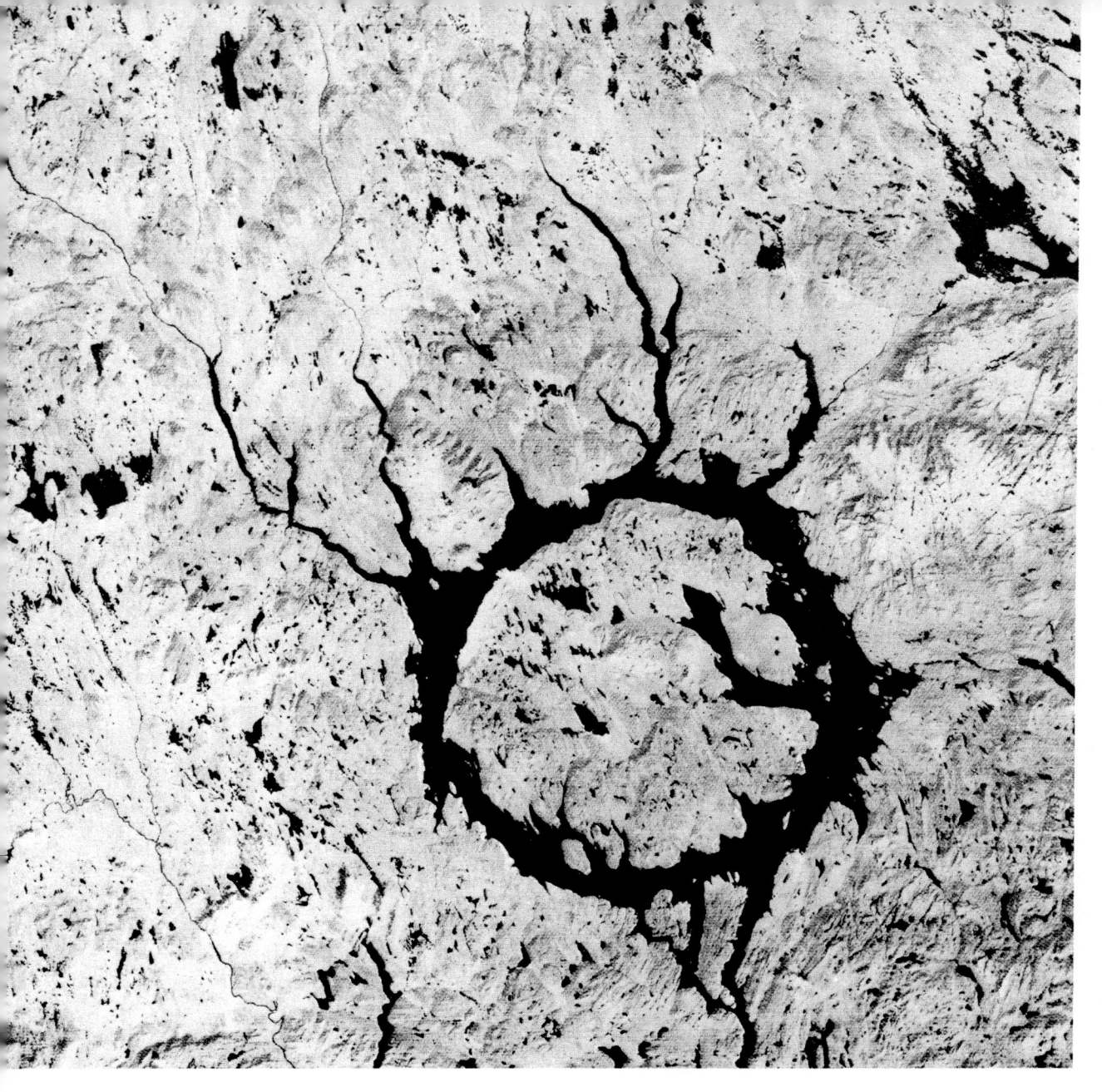

写真32　NASAのランドサット1が800kmの高度から撮影した地球上の古いクレーターの構造（カナダ ケベック州）．約2億年以前に生じたこのクレーターは，初めは直径が約80kmあって，月面の大きいクレーターの程度であった．

かしこの説は，次のようないくつかの困難から現在は受け入れられてはいない．遠心力によって赤道部から月を放り出すには原始地球は約2時間の周期で回転しておらねばならないし，そのようにして月のような単体を放り出すのは力学的に困難である．さらに，もし月がこうして地球から放り出されたものとすれば，はじめは地球のロッシュ限界内にあったために，小さな破片に分裂してしまったに違いない．

ダーウィンの説の変形としては，やわらかくて急速回転している原始地球の赤道部から放り出された環状物質が，月を形成するに至ったとする説がある．この説によると，月を形成した環状物質帯は遠心力が最大である地球の赤道部から放り出されたはずであり，その物質から形成された月の軌道面は地球の赤道面と一致するはずである．しかし実際には，月の軌道面は地球の赤道面と約 18～28°傾いている（月の軌道は黄道に約5°傾いており，地球の赤道面は黄道に約23°.5傾いている）．このような理由から，この考えも受け入れ難い．

原始太陽雲のなかで太陽と惑星が形成されたとする現在の太陽系起源の考えのなかで，月と地球は太陽から同程度の距離においてともに独立した惑星として形成されたとする説がある．もしそうであれば，月も地球も同じ化学元素のほぼ同じ割合で形成されたはずであり，したがって月の化学組成と密度は地球のそれとほぼ同じはずである．地球の平均密度は，内部における圧縮の状態をもとにもどして補正すると約4.5 g/cm³であるが，月のそれは3.34g/cm³であり，明らかに地球と月の化学組成はかなり異なっている．つまり，月と地球が原始太陽雲の同じ物質から形成された二重惑星であるとは考えにくい．

さらに，原始太陽雲中において月は地球と異なる領域で独立した小さな惑星として誕生し，後に地球に捕獲されたという説がある．この場合には近接通過によって捕獲されるための条件がきびしいものであるという点を除けば，二重惑星説のような困難は生じない．アポロ宇宙船によって持ち帰られた月物質の分析によって，月物質のあるもの（例えば海の部分の黒色の細粉）の年代は約46億年であって地球とほぼ同じであることが明らかにされた．したがって月が形成されたのは，地球（およびおそらく他の惑星）が形成されたのと同時期であると考えられるが，月の起源に関するそれ以上の有力な情報は得ることができなかった．

月は太陽系内の衛星としては5番目の質量をもつものであるが，母惑星に対する質量比では他を引き離してもっとも大きい．月－地球系の形成は非常にきびしい条件のもとで起きた稀な現象によるものかもしれない．

II.
アポロ8、10、11号

NASA SP-246

LUNAR PHOTOGRAPHS FROM APOLLOS 8, 10, and 11

Compiled by
Robert G. Musgrove
NASA Manned Spacecraft Center

Scientific and Technical Information Office   1971
NATIONAL AERONAUTICS AND SPACE ADMINISTRATION
Washington, D.C.

謝　辞

　この写真集はＮＡＳＡ有人宇宙飛行センター地図作成科学研究所（Mapping Sciences Laboratory, Science and Applications Directorate）の人々によって編集された．この出版に至るあらゆる努力を方向づけ，まとめあげたことについては同研究所のロバート　G.マスグローヴが責任を負っている．

　ＮＡＳＡと契約を結んでいるロッキード・エレクトロニクス社地図作成科学部（Lockheed Electronics Corporation Mapping Sciences Department）の人々も，この記録に対して実質的な面で貢献された．

まえがき

　この写真集発刊の目的は，科学者や興味を抱く一般の人々に対して，最初の3機のアポロ月探査船で得られた写真を，広く理解していただくためのサンプルとして役立てようとすることにあり，この中には月面に存在するほとんどすべてのタイプの岩相や地形の写真が含まれている．

　この写真集に収録されているほど多くはないが，一般の方々は選り抜きの写真を

> The Manned Spacecraft Center
> Public Affairs Office
> Houston, Tex. 77058

を通じて入手することができる．

　大学，研究所あるいは学校など科学のために用いられる向きは，

> National Space Science Data Center
> Goddard Space Flight Center
> Code 601
> Greenbelt, Md. 20771

に問い合わされるとよい．

　この資料センターはNASAによって設立されたもので，地球大気圏外への有人および無人飛行による写真データならびに数値データを，ごく低廉な値か無償で得たいという科学者たちの要望に添うためのものである．これらのデータを得たいと思われる外国の方々は，

> World Data Center A for Rockets and Satellites
> Goddard Space Flight Center
> Code 601
> Greenbelt, Md. 20771
> U. S. A.

に連絡されるようおすすめする．

アポロによる月面写真

　アポロ8号および10号による撮影の多くはある種の作業目的をもってなされたものであり，その主たる撮影目標は着陸地点およびその地点への誘導となるような地形であった．写真のキャプションには，それぞれ意味をもった地形についての説明がなされている．

　月の表側すなわち地球に面した半球は，数世紀にわたって天文学者たちの手によって研究され，月面地図も描かれてきた．そして，この地球に向いた面の地域中にある目立った地形の多くには，ふつう著名な科学者や天文学者にちなんだ名前が与えられている．写真中に示されたそうした名前のついた顕著な地形は，キャプションの中でその名がわかるようにしてある．

　月面の地形が名前で区別されるほどのものであれば，それらの名前はすべて国際天文学連合（IAU）によって承認されなければならない．この学問的機構は月面の地形に対する命名を取りしきっていて，どのような新称あるいは表示変更も，IAUに提出されなければ公的には容認されないことになっている．

　しかし，アポロ計画により非公式ではあるが全く新しい語彙が，月面地形のリスト中に加えられたのである．たとえばU.S.1，ダイヤモンド・リル，それにブーツ・ヒルといった名称は，出版物や報道の中ではもう大変著名にさえなっている．このようなアポロ独自の命名を用いたり，展開したりする理由はきわめて簡単である．ルナ・オービターの地図作成機から送られてきた月面写真が，地球上で最高の望遠鏡をもってしても見分けられなかったほど詳細なレベルで撮影されていたからである．このような月探査船の写真では，実に5mほどの地形さえも識別できるのであるが，それ以前はもっとも解像力の高い望遠鏡で最良の大気条件のもとに撮られたものさえ，2kmの物体をようやく区別できる程度であった．このように，地球からは見ることも識別することもできないでいた無数の月面地形や構造の中には，はっきりとしていて特徴的な形を示し，着陸地への月表指標に絶好のものが含まれていたのである．IAUはしかし，アポロ飛行計画に課せられた作業時間の制約のために，そのような地形に名をつけることができなかった．そこでアポロ搭乗員や飛行計画の立案者たちは誘導のための地形を識別するのに用いるために名前を任意に選んでつけることにした．これらの命名は，したがってこれについて考慮してもらうために，IAUに提出しようという意図のものではなかったのである．

　月の裏側にあるいくつかの地形の名前は，月の後面の写真を撮影してきた最初の探査船であるソ連のルニーク3号が1959年に送ってきた写真に基づいている．その後，米国のルナ・オービター計画も月の裏側の写真を精力的に撮り，それら月軌道船の写真をもとにして月面の詳しい地図が作られた．月の裏側にある大きな地形のほとんどは，IAUによって仮りの番号づけをされてきたが，最近IAUは，その地形のために提唱された名前を再吟味しはじめている．しかしながら，現在のところ月表面の大部分の地形は無名のまま残されている．

　すでに命名されている月面地形の多くは古典語の系統であって，引照表や地図の上では古典語の文脈で記されている．すなわち，"静の海" Sea of Tranquility は Mare Tranquillitatis であり，"ヒギヌスの谷" Hyginus Rille は Rima Hyginus となる．そこでこの本の図面では翻訳名か現代的な名前を用いてはいるが，曖昧な点が生じると思われる場合には古典名での書き方をつけ加えておいた．

　写真の中にうつっている地形や地域を記述するにあたって，厳密な地質学的用語や，その他の説明的述語はなるべく避けた．この本の写真が非常に重要であり，可能な限り広範囲の人々の眼にふれ，またアピールしてほしいものと考えたからに他ならない．したがってキャプションでは，既知の地形と珍しい異様な構造，状態を見分けることのみに限るようにした．

　光っている部分と暗い部分を境する明暗界線は，アポロ8，10，11号の飛行中，子午線0度の西側へせいぜい数度のところにあったので，これら探査船からの写真は主に月の東半球のものとなっている．その結果このアトラス（地図帖）の大部分は月の裏側の写真となった．したがってアトラスに収め

アポロ10号　　　　　　　　　　　　　　　　　　　ＡＳ10-34-5014

36,000マイルの距離から眺めた地球の姿．広い陸地部は北米大陸で，アメリカ合衆国の南西域とメキシコの北部がよく見える．右下方には南米大陸の北端部の輪郭がはっきりと認められる．

られた多くの写真は，月の裏側についてのこれまでの地図や表を更新するのに有用である．付録には，これらの写真の索引を用意し，探査船の号数に応じて引けるようにした．アトラスの各フレームのために，索引はそれがおおっている地域の記載を含み，主要地点の座標，カメラレンズの焦点距離，太陽高度の表示などが記されている．この索引に用いた地図は，モンタナ州セントルイスにある米国空軍の航空地図および情報センターで印刷されたものである．

　3回の探査によって撮影された軌道からの写真は，いずれもよく似ていたので，各号ごとの写真を分けてみるよりも，すべてをひとつの整然とした順序にまとめる方がよいと考えられた．しかし，選び出されたそれぞれの写真のフレームを送った宇宙船の号数は，そのフレーム番号から簡単に知ることができるようになっている．フレーム番号につけられたＡＳ8, ＡＳ10, ＡＳ11 などの接頭符号は，それぞれアポロ8, 10, 11号の飛行によって得られた写真であることを示している．たとえば　ＡＳ8-2606はアポロ8号，ＡＳ10-4433は10号，ＡＳ11-5903は11号の飛行により撮影されたということである．

　このアトラスの写真はほとんど大部分方位づけをして撮られているので，各ページの上方が北を指す．ときとしてこの方向は，肉眼で認識するには困難な映像を与える．この状態はとりわけ大きく傾いた写真で起こるものであり，そのような場合には眼にとってもっとも楽な方向を選んである．

　3機の宇宙船に積み込まれたカメラは，ハッセルブラッド500ＥＬの改造機で80mmと 250 mmのツァイス製パナカラーレンズを装着している．月面写真のいくつかには，reseau付きの60mmレンズが用いられた．このレンズと reseau の使用が画面中に基準となる十字形のマークを示すためであったのは明らかである．コダカラーを含む数種の乳剤が3機の宇宙船に実験的に積み込まれたが，このアトラスに収められた写真は，カラーの場合にはＳＯ-368 およびＳＯ-168（エクタクロームタイプ乳剤）を，黒白用にはＳＯ-168（プラスＸ）と3400（パナトミックＸ乳剤）を用いて露出された．

　解析を目的とするときは，カラー用乳剤より高い解像度と画像の鮮明度を与える黒白乳剤を使用することになっているので，軌道からの写真の多くは黒白である．しかし，月面でＮ.Ａ.アームストロングやＥ.Ｅ.オルドリン，ジュニア などの宇宙飛行士が撮影した写真の大部分はカラーによるものである．

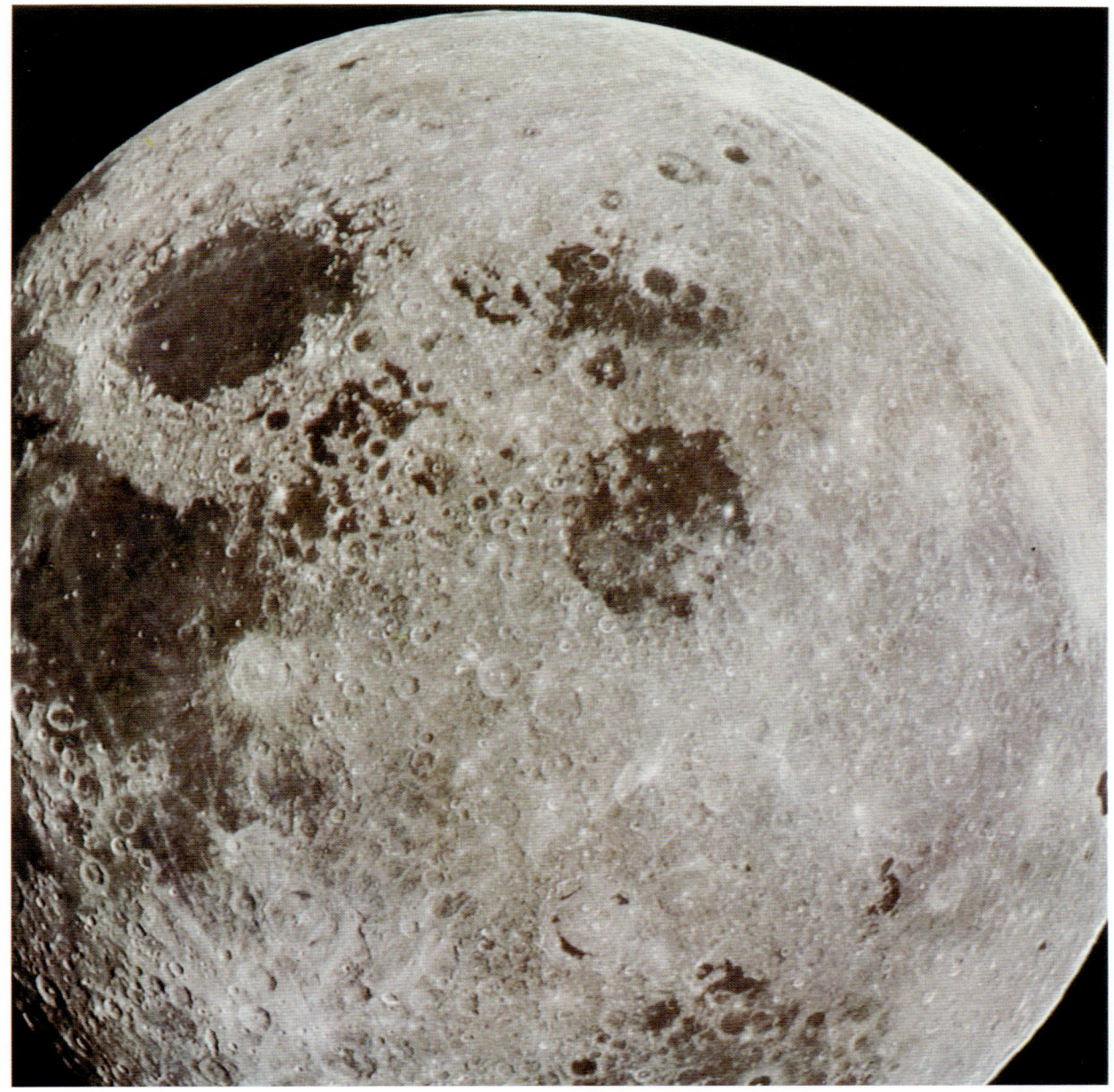

アポロ8号　　　　　　　　　　　　　　　　　　　　　　　　　　　AS8-14-2485

このような月の姿は，地球からは眺めることのできない方位のものである．東側の部分は，ごく最近まで未知であり，しかもまだほとんど名前もつけられていない，月の裏側の地形を含んでいる．西側には，Mare Crisium（危の海）やそのすぐ下の Mare Fecunditatis（豊の海）が大きく広がっている．中央近くには，小さな Mare Marginis（周辺の海）や Mare Smythi（スミス海：英国の将軍であり天文学者でもあったスミス1788-1865の名による）が，周辺の地形と著しい対照を示している．

この月の眺めは，地上からの小型望遠鏡で得られるものと同じ程度の詳しさであるが，肉眼で見るのとはまるで違った様子がうかがえる．月の輝いている部分とくらべて，宇宙空間の暗さが強調されているさまが面白い．

アポロ10号　　　　　　　　　　　　　　　　　　　　　　　　　　AS10-27-3955

アポロ10号

AS10-27-3929

月の裏側のこの高角度斜め写真には，左下方にスミス海，中央部上端の月平線近くに Mare Moscoviense（モスコーの海）がうつっている．モスコーの海付近の月表地形が，まわりの黒いバックグラウンドからくっきりとそびえ立つ峨々たる地域をなしていることに注意されたい．

アポロ10号 AS10-27-3915

スミス海の，ほぼ垂直に撮影された写真で，太陽の位置が高いときに撮られたもの．光線の加減で地勢の様子がなべて平坦に見え，小さなクレーターは反射する光のため小さな輝く点としてうつっている．

アポロ8号

ＡＳ8-12-2052

この部分の地形には一つとして名前のついているものはないが，鍵穴型をしたこのクレーターはアポロ8号の飛行士たちの標識追跡訓練に用いられたものである．大きなクレーターの直径はおよそ20マイル．太陽高度が低い(7°)のでクレーターの大きさにいろいろのものがあるのがわかることに注意．

アポロ8号　　　　　　　　　　　　　　　AS8-12-2148

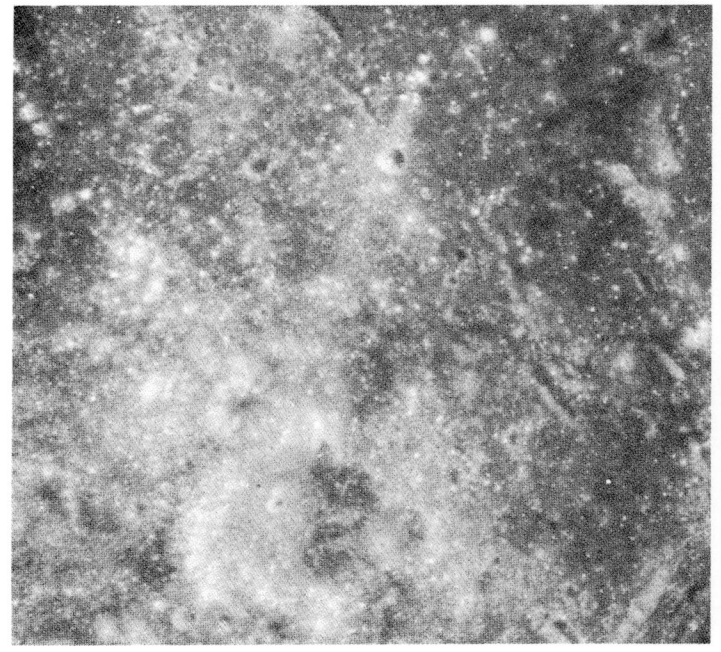

アポロ8号　　　　　　　　　　　　　　　AS8-12-2169

上：月の裏側にある盆地の，北側床部の垂直写真は太陽の真下の点（太陽高度最大の点）近くで露光したもの．中央に輝く無名のクレーターがこの画像の焦点であり，無数の小さなクレーターは明るく輝くピンポイントとしてうつっている．

下：スミス海の南東端を，太陽の位置が高いときに撮影したもので，この地域に存在する多量の小さなクレーターが強調されている．地域の上部を斜めに横切ってのびる直線状の構造も興味深い．

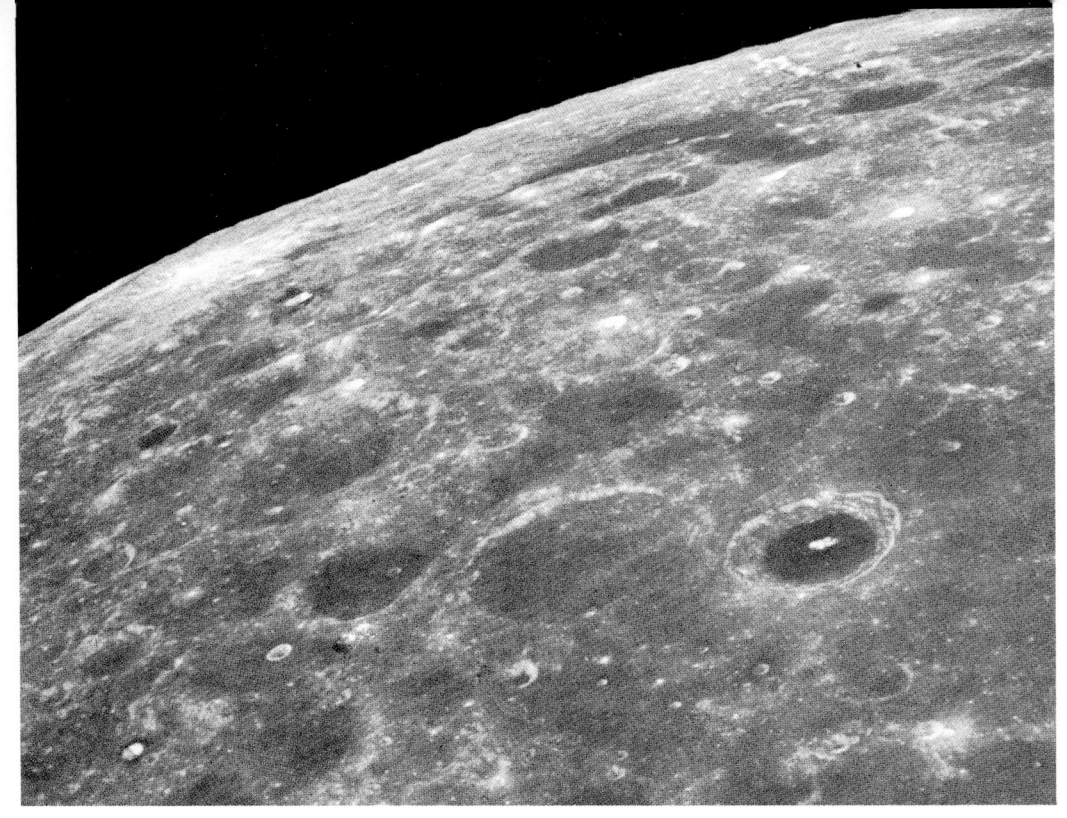

アポロ8号 AS8-12-2192

アポロ8号 AS8-12-2189

上：月の裏側で南の方を見た高い斜め写真．暗く見える床面をもったクレーターの直径は約40マイルで，Mare Australe（南の海）の南東端に位置している．この地域には他にも多くの大きなクレーターがあり，左側の月平線近くには非常に明るい放射状構造をもったクレーターも見える．

下：月面の高い斜め写真で，左下方中央寄りに巨大なフンボルト・クレーター（ドイツの政治家，1767-1835にちなむ），はるか上方右側にラングレヌス・クレーター（ベルギーの月面学者，1600-75による）がある．多数の明るい地域や，輝条をもつ小さなクレーターなども見える．

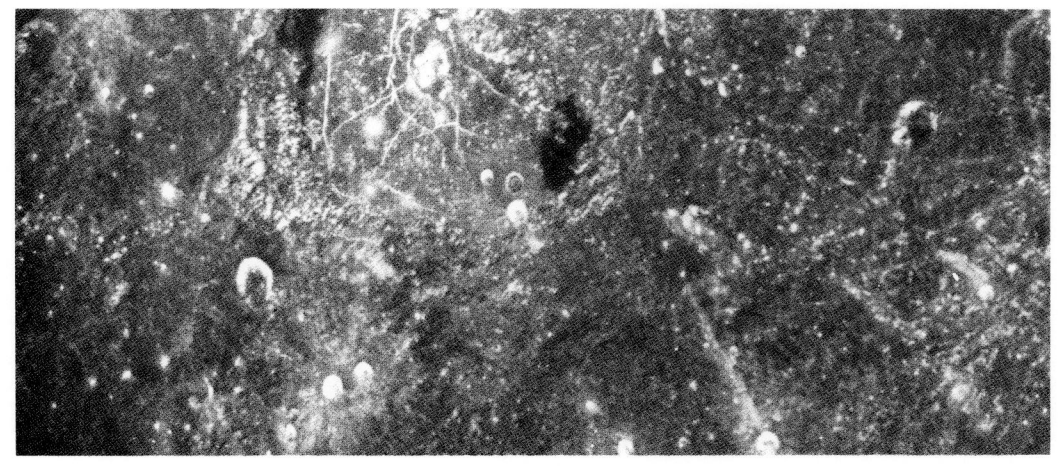

アポロ8号　　　　　　　　　　　　　　　　　　　　　　　　　　　　　　　　ＡＳ8-12-2193

アポロ8号　　　　　　　　　　　　　　　　　　　　　　　　　　　　　　　　ＡＳ8-12-2196

上：フンボルト・クレーターの近影で，クレーターの中央から出ている面白い線構造の様子がよく示されている．明るい中央峰は月にある多くのクレーターを特徴づけるものである．

下：裏側にあるチオルコフスキー・クレーター（ソ連の気体力学およびロケット科学の専門家，1857-1935にちなむ）の斜め写真．この直径約94マイルのチオルコフスキー・クレーターは，1959年のソ連月探査船ルニーク3号によって初めて発見された．この地形は，非常に暗いクレーター床からそびえる明るい中央峰によって特に際立っている．

アポロ8号 AS8-12-2203

ラングレヌス・クレーターは豊の海の東端に位置する．直径約85マイルのラングレヌスは，大型のクレーターに普通に伴われる比較的平滑なクレーター床，階段状の周壁，そして一つの中央峰といった典型的なつくりをもっている．

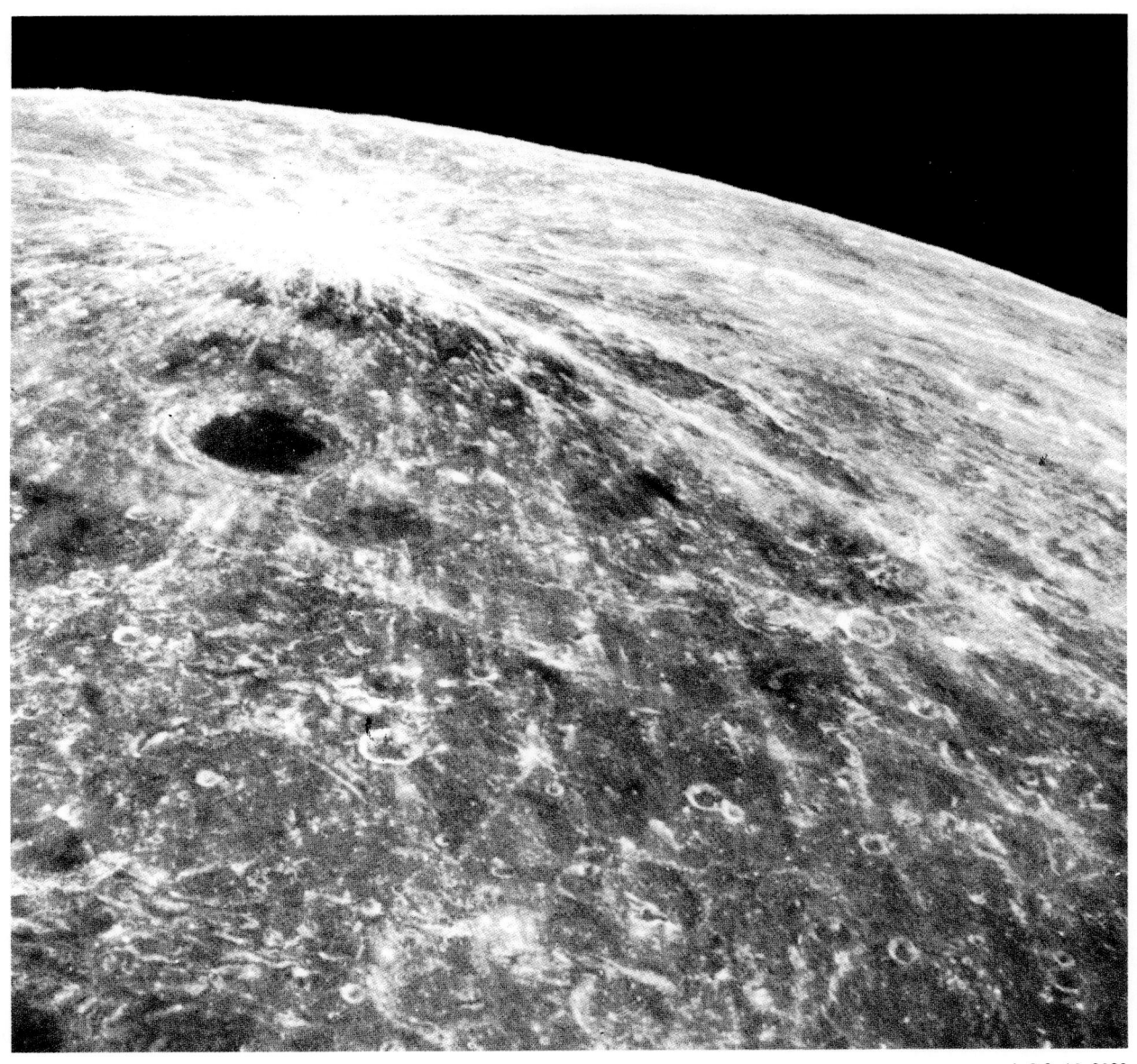

アポロ8号　　　　　　　　　　　　　　　　　　　　　　　　　　　　　　　　　ＡＳ８-１２-２２０９

直径およそ110マイルのジョリオ-キュリー・クレーター（フランスの物理学者，
1900-58の名にちなむ）の一部が，高い斜め写真の中央部左寄りにうつっている．
暗い床部をもったロモノソフ・クレーター（ソ連の近代科学創始者，1711-65に
よる）は，直径が約50マイル．月の地球に向いた半球の極地方には，長くて狭い
放射条が知られている．写真の月平線近くにある非常に明るい放射条をもつクレ
ーターが，それらの根源であろうというのが昨今の考えである．

アポロ8号

AS8-13-2220

南西方を見た豊の海の斜め写真．上方の大きなクレーターはベロ（フランスの探検家，1823-56にちなむ）と呼ばれ，直径約13マイル．左上方に見える面白い二重の，あるいは同心状のクレーターはベロBという．

アポロ 8 号

AS8-13-2225

この斜め写真の最上端にあたる背景の中央にピレネー山地の一部が見られる．画面の手前に見える巨大なゴクレニウス・クレーター（ドイツの学者，1572-1621にちなむ）は豊の海の南端にあり，その直径は約45マイルである．ゴクレニウスの床部を刻む多くの小溝が見られるが，一つの小溝は中央峰を通り抜けてクレーター床の端から端までを横切り，さらにその縁を越えて平坦な海の中にまでのびている．

アポロ8号 　　　　　　　　　　　　　　　　　　　　　　　　　　　　　　　　AS8-13-2228

ピレネー山地の真北の高地ごしに南西に向かって写した眺め．太陽高度が低いので起伏が強調されて見える．手前の大きなクレーターはラボックD（イギリスの数学者，1803-85にちなむ）である．中ほどには丘やクレーターを横切ってグーテンベルグ小溝（ドイツの印刷技師，1398-1468による）がみえる．背景の諸クレーターは，カペラ系（カルタゴの法学者，約A.D. 450にちなむ）と呼ばれるカルデラ群のものである．

アポロ8号　　　　　　　　　　　　　　　　　　　　　　　　　　　　　　　　　　　　　　　AS8-13-2243

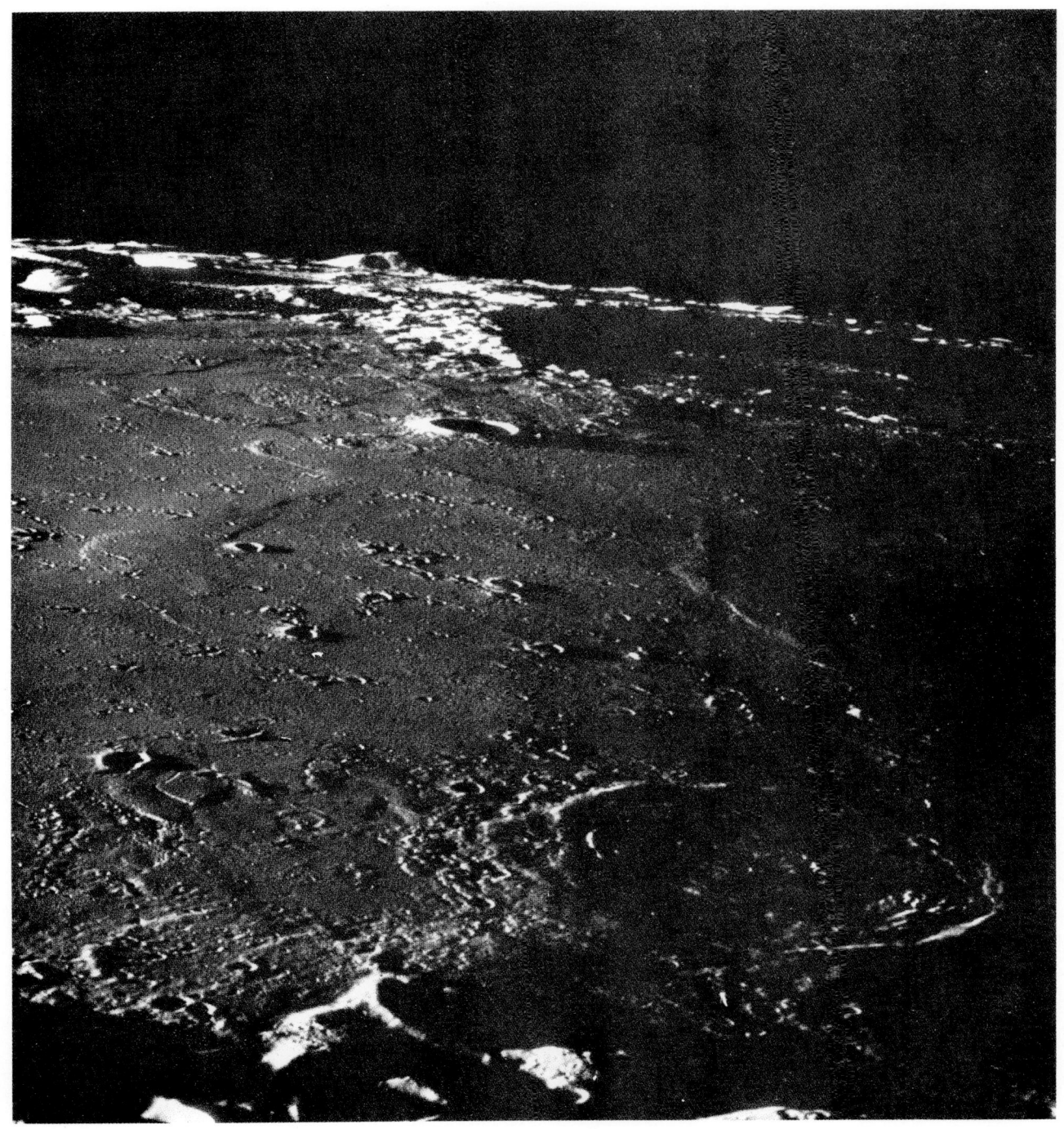

月平線のところで大部分が影となっている大きなクレーターはフラカストリウス（イタリアの天文学者，1483-1553）である．手前の方にある浅いクレーターはダゲール（ダゲロタイプで知られるフランスの写真技術開拓者，1789-1851）と呼ばれる．中央左寄りの月平線上に見える明るいピークは，このダゲールから約270マイル離れたところに位置している．

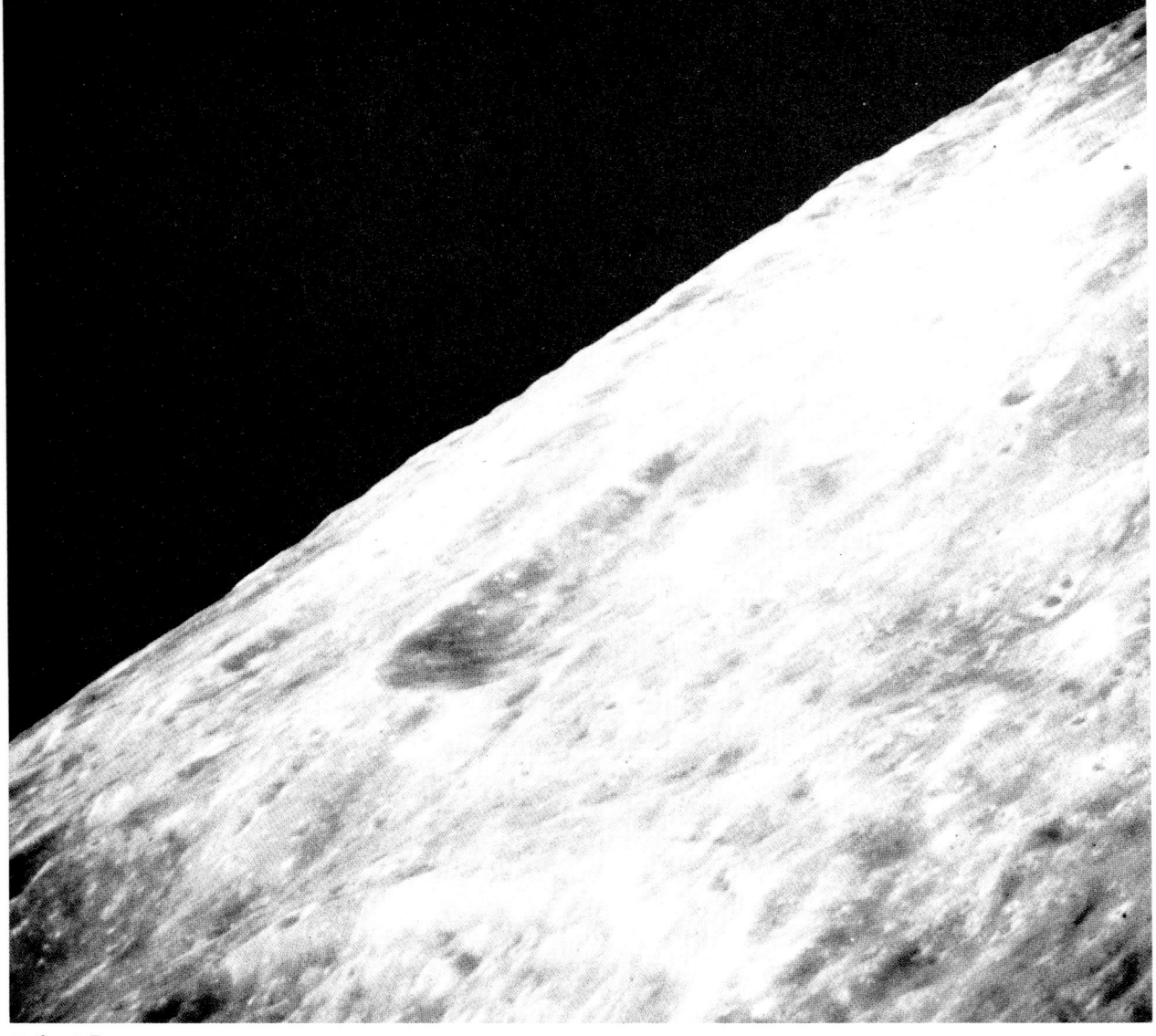

アポロ8号　　　　　　　　　　　　　　　　　　　　　　　　　　　　　　　　ＡＳ8-13-2269

上：中央の大きなクレーターはベハイム（ドイツの海洋探検家，1436-1506）と呼ばれる．とりわけ興味がもたれるのは，非常に凹凸の少ないこのクレーターの形態，特にその中央部にあるなめらかなドームを思わせる中央峰である．

下：西を向いて写したMare Tranquillitatis（静の海）の眺め．右下の隅にある二つの小さなクレーターはそれぞれセッキAおよびセッキB（イタリアの天文学者，1818-78にちなむ）と呼ばれている．セッキAおよびBのすぐ向こうにある大きくてはっきりした縁をもったクレーターはタルンチウスF（ローマの哲学者，約B.C.88による）である．背景中央にある大きなクレーターの名残りはマスクリンF（イギリスの天文学者，1732-1811に由来する）という．

アポロ8号　　　　　　　　　　　ＡＳ8-13-2271

アポロ8号　　　　　　　　　　　　　　　　　　　ＡＳ８-13-2279

アポロ8号　　　　　　　　　　　　　　　　　　　ＡＳ８-13-2314

上：下方中央に見える際立った地形はマスクリンＦクレーターで、その古いクレーター環の直径は13マイルである．明暗界線に近い背景中央には、影のはっきりしたマスクリンＨクレーターがある．この二つのクレーター間の距離はおよそ56マイルである．中央近くのシャープな突出地形は、そのユニークな形のためにコントニール地点の一つに選ばれた．

下：月の裏側の明暗界線を南にのぞんだこの斜め写真は、太陽高度が1°のときに撮影された．極端なまでにコントラストのついた白と黒は一種異様な　ほとんど芸術的ともいえる質感を画面にかもし出している．はるか後方には、太陽を反射するに足る高さにはっきりと突出した一つの丘陵があり、明るく狭い斜めの条を作り出している．

83

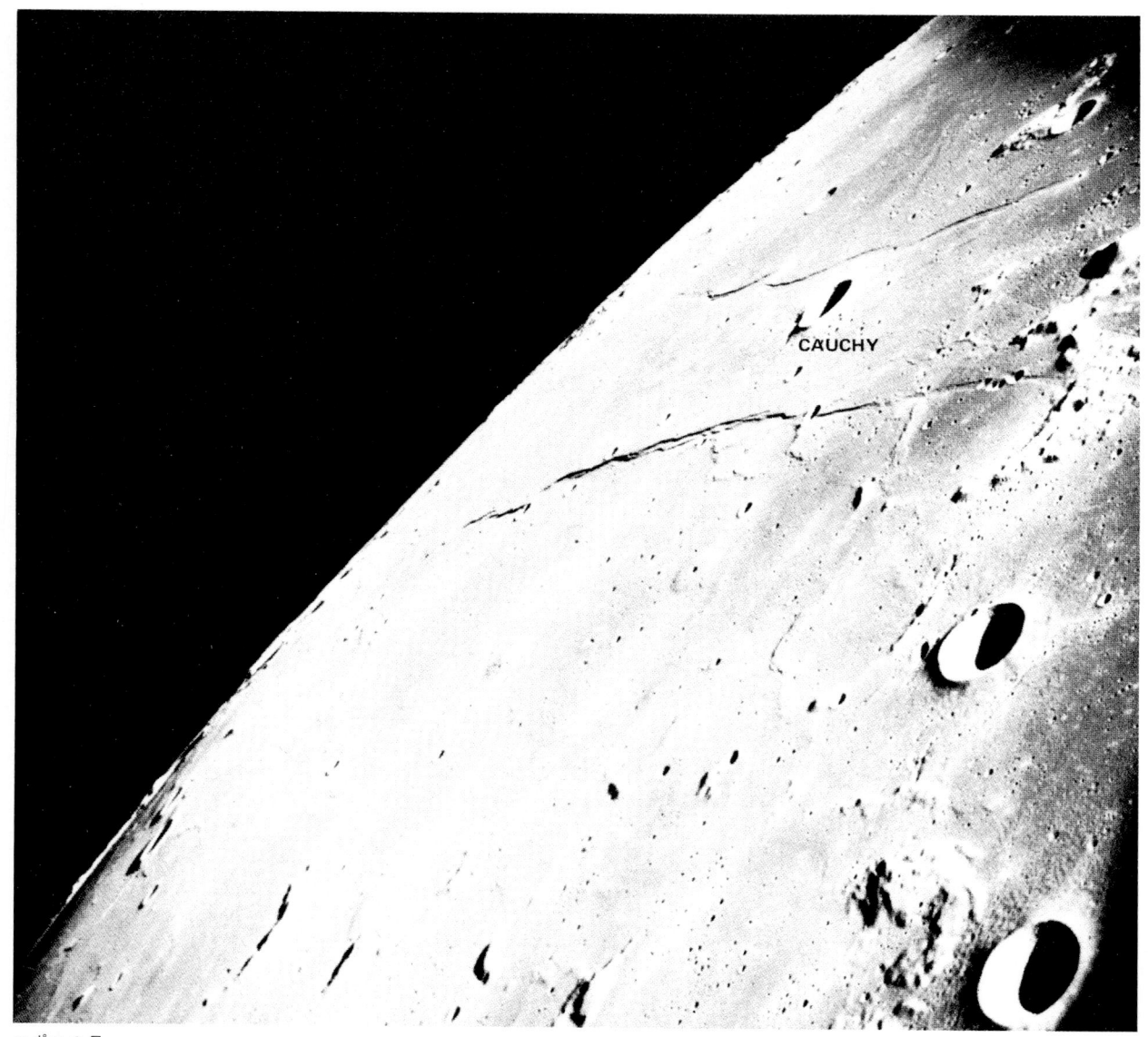

アポロ8号

AS8-13-2344

静の海の北東部を見たこの斜め写真には，かなり変化に富んだ月面地形が写し出されている．右側中央寄りにはコーシー・クレーター（フランスの数学者，1789-1856にちなむ）があり，これに伴っている急崖はRima Cauchy（コーシーの小溝）と名づけられている．多くの小さなクレーターやピーク，ドームなども地域内に広く分布している．

アポロ8号

AS 8-13-2347

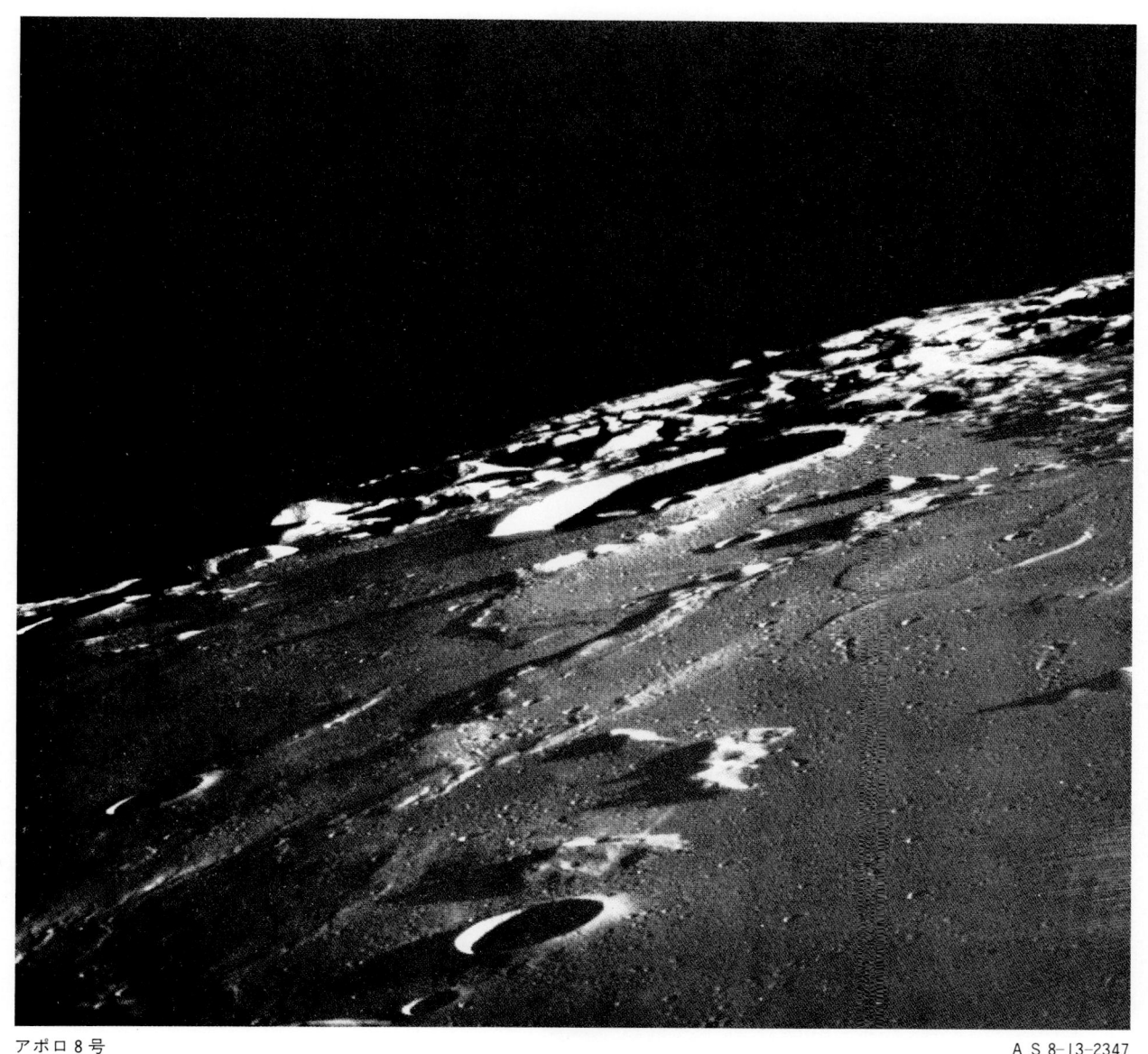

この斜め写真は近くの明暗界線に向かって，静の海の北部を横切って北西を見たものである．太陽高度は1°である．画面中央の大きなクレーターはビトルビウス・クレーター（ローマの建築家，B.C. 100にちなむ）という．ビトルビウスのすぐ右側にある"ゴースト（幽霊）"クレーターに注意．

アポロ8号　　　　　　　　　　　　　　　　　AS8-14-2399

アポロ8号　　　　　　　　　　　　　　　　　AS8-14-2401

上：これは裏側にある盆地の中心地域を示す一連の垂直写真の一つである．明暗界線近くにあるため，深い影によってこの地域の高低差が強調されている．

下：同じ連続垂直写真の他の一つで，多数のクレーターの生じたこの地域は，低い太陽高度のためディテールが強調されて，険しく見える原因となっている．

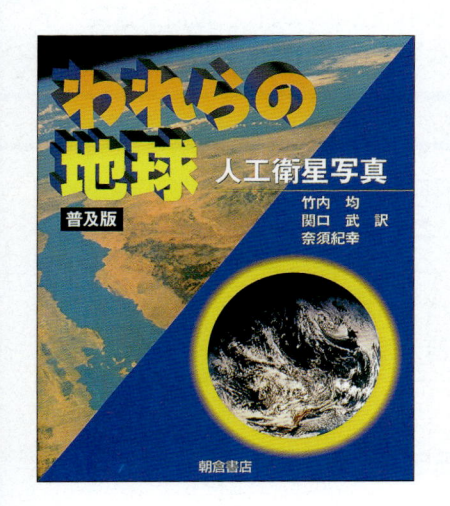

朝倉書店
―復刊のご案内―

われらの地球
人工衛星写真
［普及版］

竹内 均・関口 武・奈須紀幸 訳／原著：NASA
Ａ４変型判　144頁　定価6,090円（本体5,800円）
ISBN4-254-10003-5　C3040

「日本の衛星写真」の姉妹編にあたり，130葉の人工衛星カラー写真により宇宙からとらえた地球の全貌が描かれている。写真には各専門家が興味深い説明を加えている。いままで知られなかった地球の新しい姿が楽しめる好著。

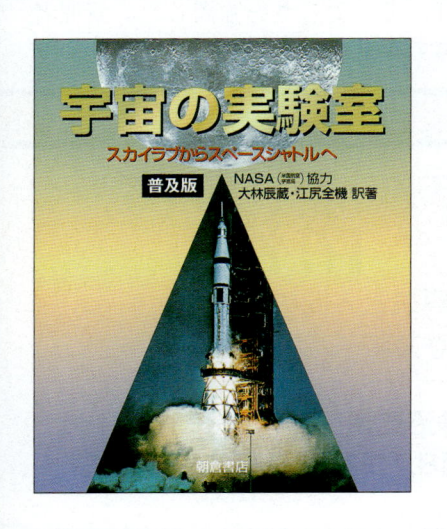

宇宙の実験室
―スカイラブからスペースシャトルへ―
［普及版］

大林辰蔵・江尻全機 訳著／NASA協力
Ａ４変型判　168頁　定価6,090円（本体5,800円）
ISBN4-254-10005-1　C3040

延べ171日にわたるスカイラブでの実験結果を豊富なカラー写真を使ってやさしく解説。無重力宇宙空間での乗組員の生活の様子も興味深く記述。さらに宇宙開発の歴史，スペースシャトル，将来計画（スペースコロニーなど）もあわせて解説

朝倉書店
〒162-8707　東京都新宿区新小川町6-29／振替00160-9-8673
電話 03-3260-7631／FAX 03-3260-0180
http://www.asakura.co.jp　eigyo@asakura.co.jp

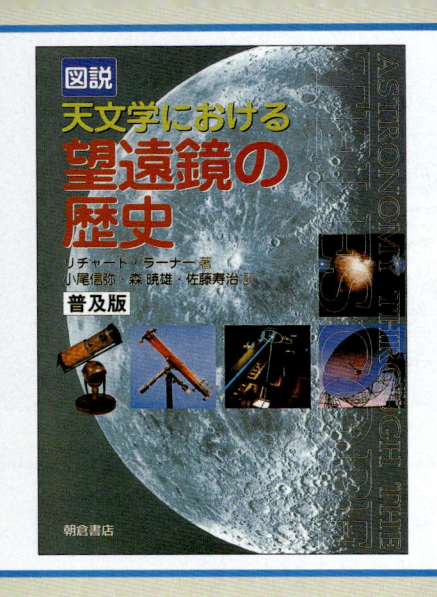

図説 天文学における 望遠鏡の歴史 ［普及版］

R.ラーナー 著／小尾信彌・森暁雄・佐藤寿治 訳
Ａ４変型判　224頁　定価9,660円（本体9,200円）
ISBN4-254-10035-3　C3040

貴重な写真と豊富なカラー図版でたどる他に例のない本格的な「望遠鏡史」の復刊。　〔内容〕望遠鏡の発明と天文学史／望遠鏡の巨大化／レンズの革新／大反射望遠鏡の時代／電波望遠鏡／宇宙望遠鏡とＸ線天文学／多様な発展／アマチュアと望遠鏡／他

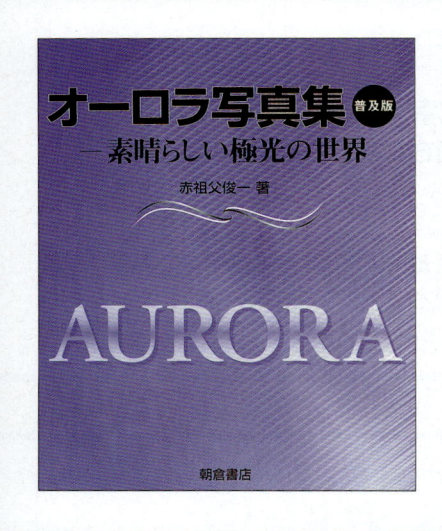

オーロラ写真集 ―素晴らしい極光の世界― ［普及版］

赤祖父俊一 著
Ａ４変型判　124頁　定価5,775円（本体5,500円）
ISBN4-254-16105-0　C3044

美しく天空をいろどる光のデモンストレーション―オーロラ。その神秘的な魅力を歴史的，原理的に明らかにした。さらに数々の貴重な写真ことにより，その美しさを強調した。研究者から一般の人びとまでが驚嘆する極光の美。20数年を経て復刊

北極・南極 ―極地の自然環境と人間の営み― ［普及版］

B.ストーンハウス 著／神沼克伊・三方洋子 訳
Ｂ４変型判　216頁　定価8,190円（本体7,800円）
ISBN4-254-10140-6　C3040

美しい写真と地図を用い，自然・生態から探検史・国家間関係に至る全貌を解説。　〔内容〕地球の端／極の寒さ／氷の分析／極の海の生き物たち／陸上の動植物／初期の探検家たち／後期の探検家たち／極の政治力学／寒冷気候の科学／法制化と協力

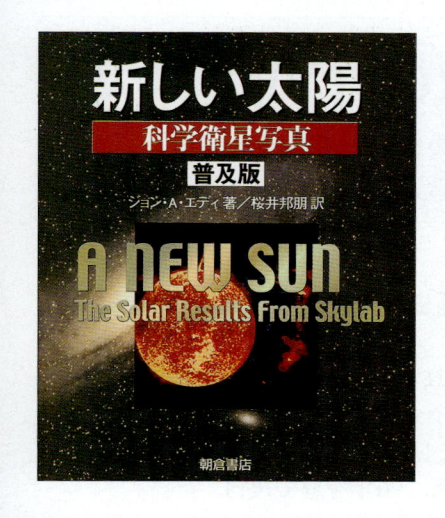

新しい太陽
―科学衛星写真―
［普及版］

J.A.エディ 著／桜井邦朋 訳
Ａ４変型判　176頁　定価9,240円（本体8,800円）
ISBN4-254-15007-5　C3044

地上観測では知りえなかった太陽の新しい発見など，人工衛星搭載の望遠鏡が観測した成果をカラー写真と解説で綴る。
〔内容〕太陽望遠鏡／紫外線でみた太陽／太陽の極／太陽のX線／コロナの穴／紅炎／コロナ外層部／光点／フレア／他

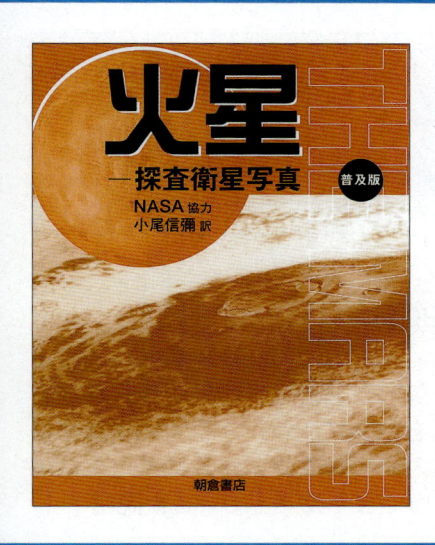

火　星
―探査衛星写真―
［普及版］

小尾信彌 訳／NASA協力
Ａ４変型判　288頁　定価6,090円（本体5,800円）
ISBN4-254-15001-6　C3044

バイキング1，2号とマリナー9号からの探査した火星の写真集。バイキング1，2号から最新の写真と，マリナー9号から200枚の写真（カラー写真を含む）により，火星の姿を我々の身近なものに感じさせる本格的写真集。20数年を経て復刊

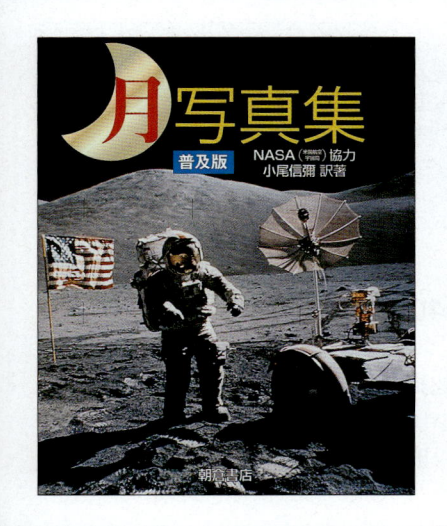

月 写真集
［普及版］

小尾信彌 訳著／NASA協力
Ａ４変型判　224頁　定価7,140円（本体6,800円）
ISBN4-254-15002-4　C3044

望遠鏡写真から，レインジャー，ルナ・オービターおよびアポロ8号から17号に至る宇宙船で得られた写真まで，月に関するあらゆる資料を用い，月のいろいろの姿や月面に存在するすべてのタイプの岩相や地形を克明に写し出す月面写真の決定版

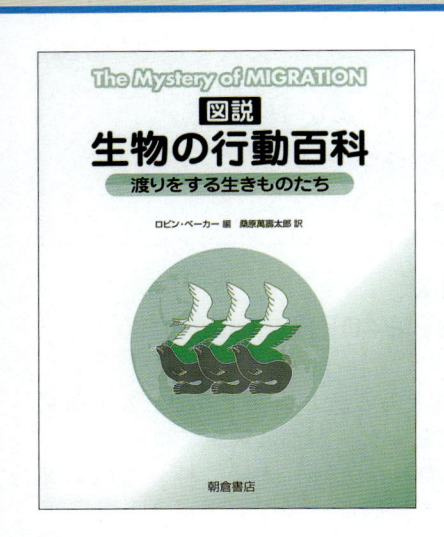

図説 生物の行動百科
――渡りをする生きものたち――
［普及版］

桑原萬壽太郎 訳
Ａ４変型判　256頁　定価9,975円（本体9,500円）
ISBN4-254-10022-1　C3045

鳥の渡りや魚の回遊に代表される生物の"移動"の神秘を豊富なカラー写真・図で示すユニークな書。鳥，植物，昆虫，無脊椎動物，魚，両生類，哺乳類，そして人間にまで言及。英国のハロウ・ハウス社との国際協同出版。20年を経て復刊

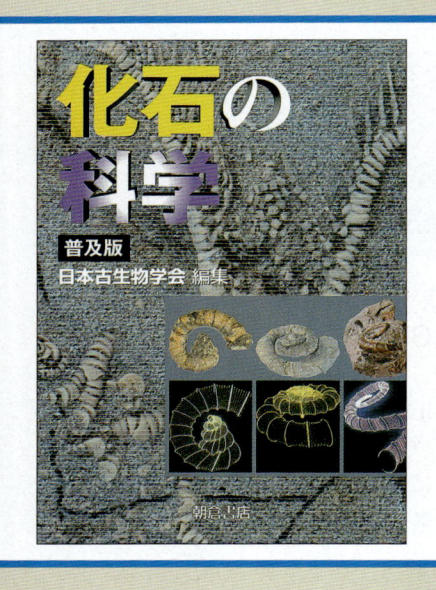

化石の科学
［普及版］

日本古生物学会 編
Ｂ５判　136頁　定価6,090円（本体5,800円）
ISBN4-254-16230-8　C3044

日本古生物学会が古生物の一般的な普及を目的に編集。数多くの興味ある化石のカラー写真を中心に，わかりやすい解説を付した。化石とはどのようなものか，古生物の営んできた生命現象，化石が人間の生活に経済面でどう役立っているか説明

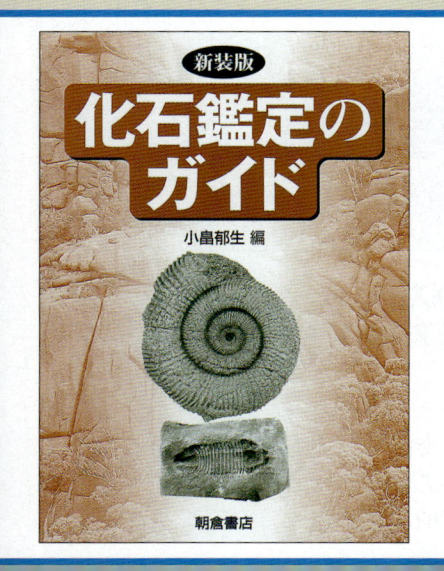

化石鑑定のガイド
［新装版］

小畠郁生 編
Ｂ５判　216頁　定価5,040円（本体4,800円）
ISBN4-254-16247-2　C3044

特に古生物学や地質学の深い知識がなくても，自分で見つけ出した化石の鑑定ができるよう，わかり易く解説した化石マニア待望の書〔内容〕Ⅰ.野外ですること，Ⅱ.室内での整理のしかた，Ⅲ.化石鑑定のこつ

月の裏面にみえる大きい突出部によって投げかけられたこの影は，そのつくりがかなり大規模なものであることを示している．この地域の他の部分と同様に，ここにも非常に多くのクレーターを生じている．

アポロ8号　　　　　　　　　　　　　　　　　　　　　　　　　　　　　ＡＳ8-14-2409

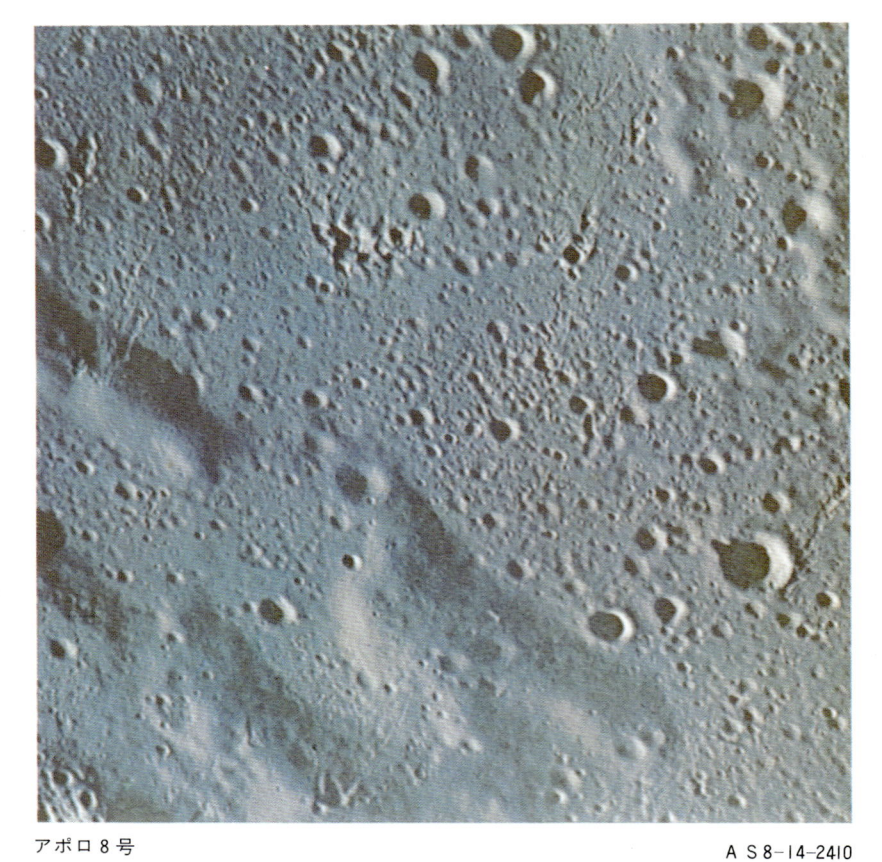

右上：画面を斜めに横切る大きな山稜が著しい．数多くの小さな谷が山稜にほぼ直交して走っていることがわかる．クレーターが非常に多く生じているのは，この月の裏側の地域の特徴といえよう．

左下：ここに示されている月面には，この月の裏側域の他の部分では普通みられないはっきりとした繊維状構造が認められる．また，他の部分にくらべてクレーターの大量形成もないようである．

アポロ8号　　　　　　　　　　　　　　AS8-14-2410

アポロ8号　　　　　　　　　　　　　　AS8-14-2412

アポロ8号　　　　　　　　　　　　　　AS8-14-2420

上：月の裏面にあるこのクレーターのなめらかな外形からみると，おそらく古い時代のクレーターであろうと思われる．それでもなお中央峰と，かなりよく周壁部に発達した階段構造とが示されている．

アポロ8号

AS8-14-2423

写真の中央近くにある巨大なクレーターの直径は約10マイル．なだらかな外形にみえるが，詳しく調べてみるとはっきりする大量の小さくて鋭い壁をもったクレーターが存在するので，そうではないことがわかる．

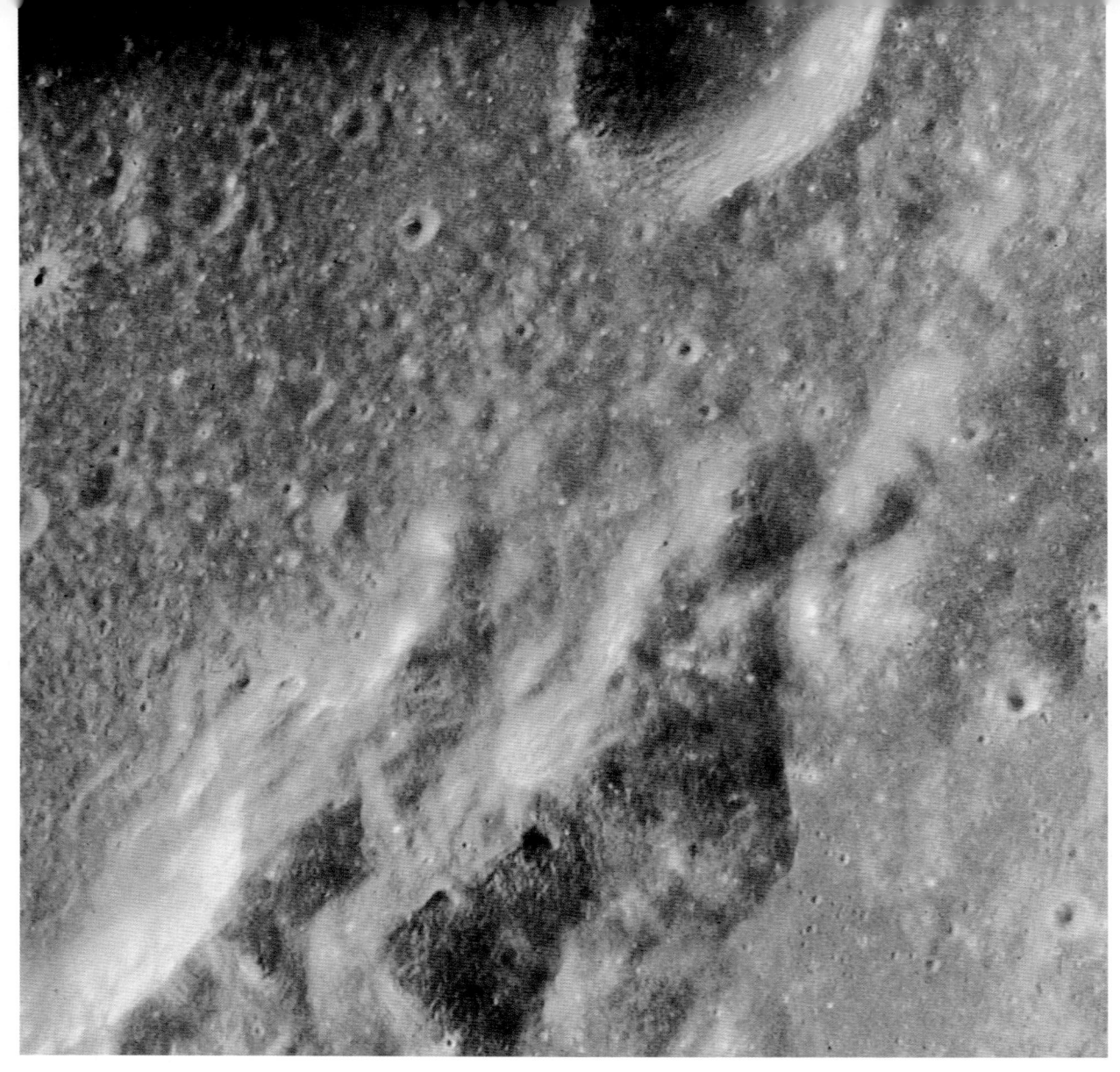

アポロ 8 号　　　　　　　　　　　　　　　　　　　　　　　　ＡＳ８-１４-２４３３

上：裏側にある巨大なクレーター中部の低い斜め写真で，中央高地と直径５マイルほどの一つのクレーターがよく見える．写真左上方の地域には，比較的新しく形成された明るいクレーターとそれに伴う放射条系がある．

下：月の裏側にある多数の小さなクレーターを写したこの低い斜め写真では，明るく見えている様子からして，太陽高度が高いことを示しているとみられる．そうしたクレーターがいくつか，画面中央の大きなクレーターの近くに見えている．

アポロ 8 号　　　　　　　　　　　ＡＳ８-１４-２４３９

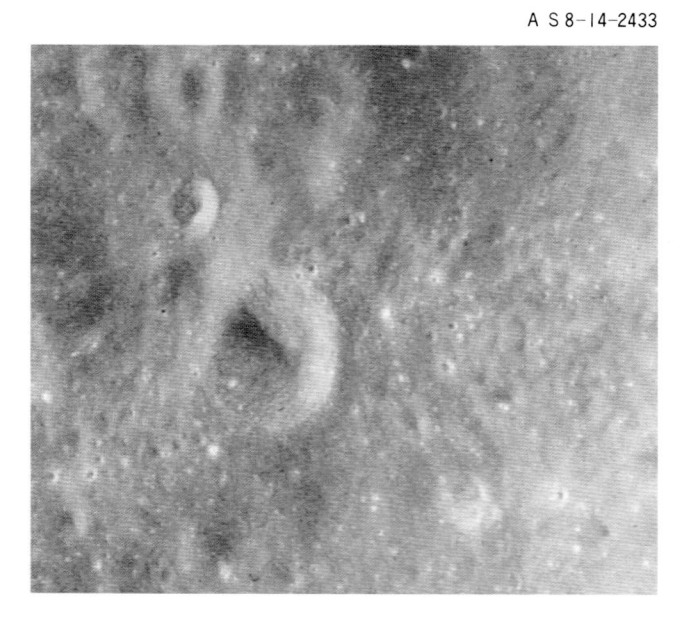

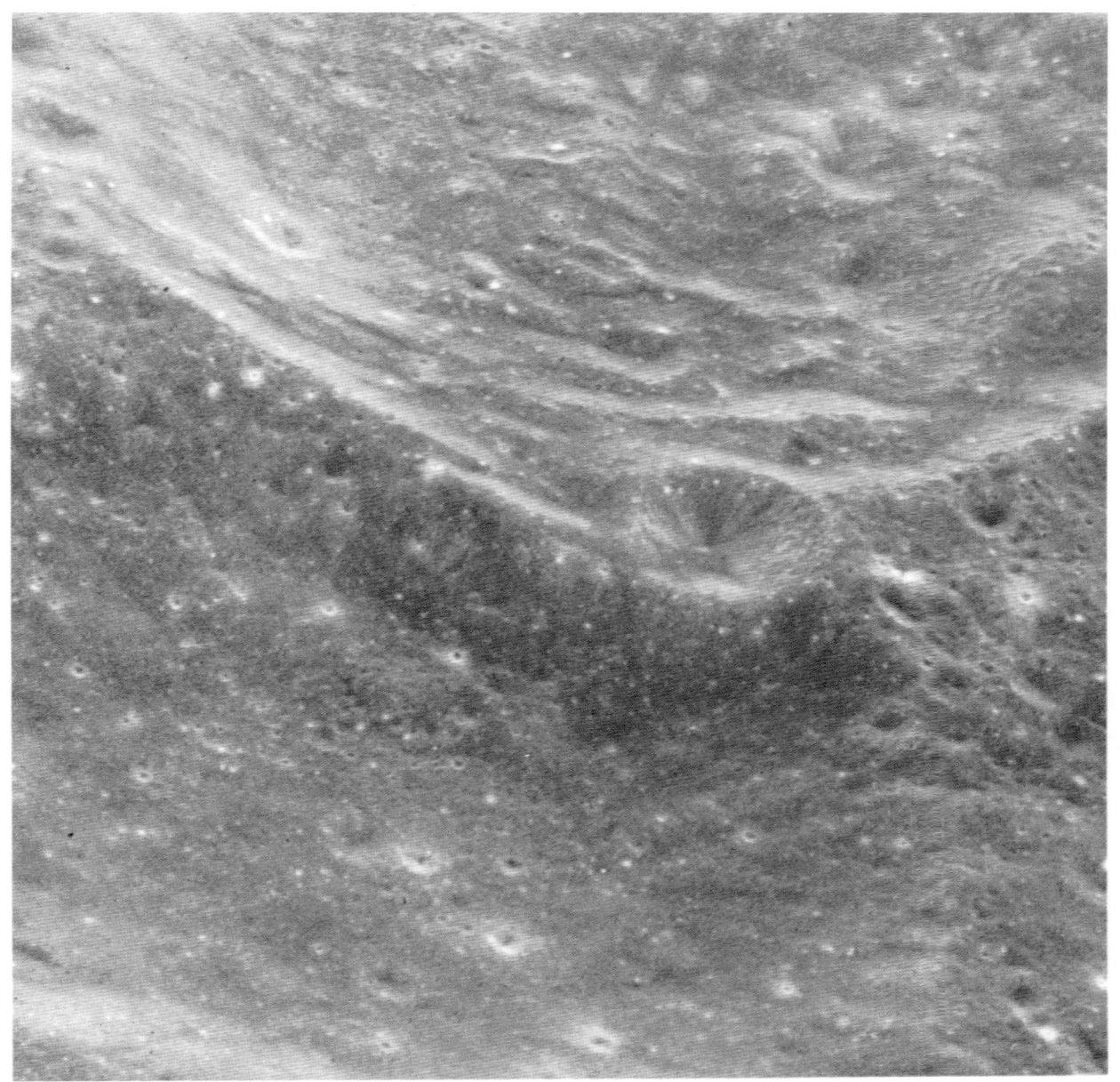

アポロ8号

月の裏面にあるこの二つのクレーターは明らかに，その周壁が互いに接している．大きい方のクレーターの縁は直径が50マイル以上もあって，階段状のテラスが形成されている．太陽高度が比較的高いときなので，多数の小さなクレーターが一面に輝いているのを見ることができる．

AS8-14-2442

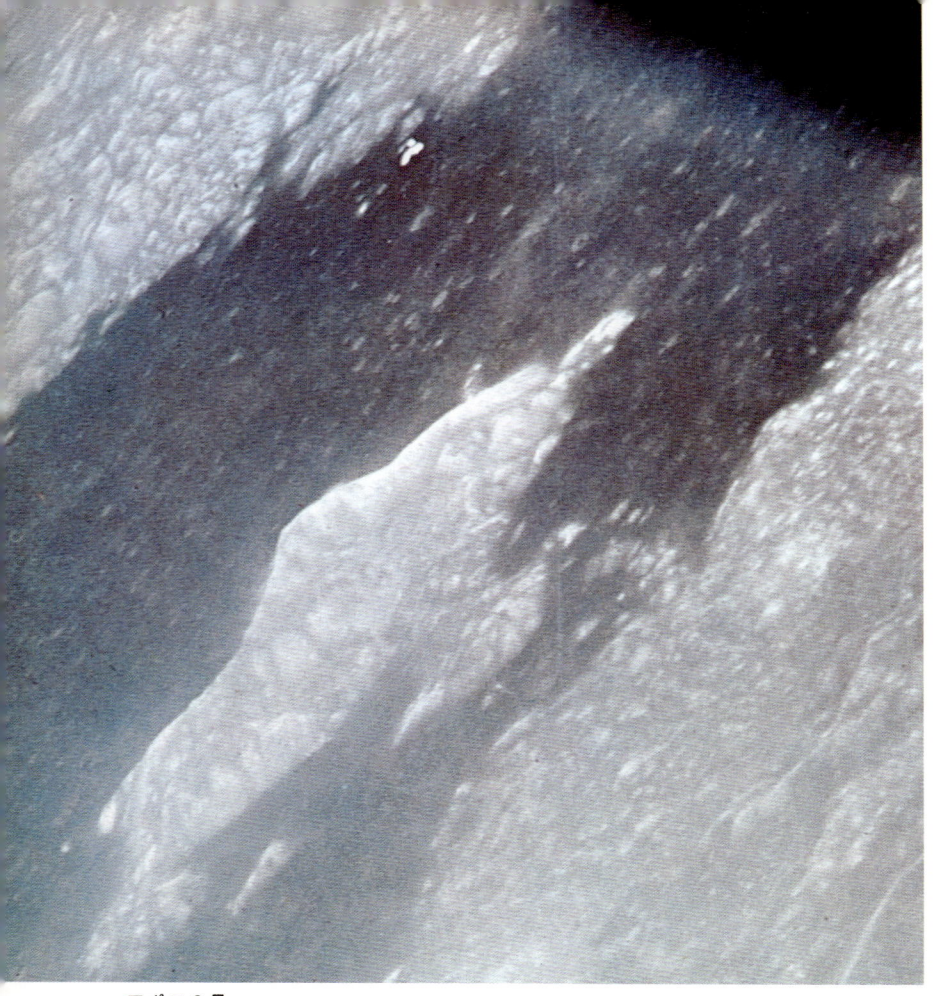

アポロ8号　　　　　　　　　　　　　　　　AS8-14-245

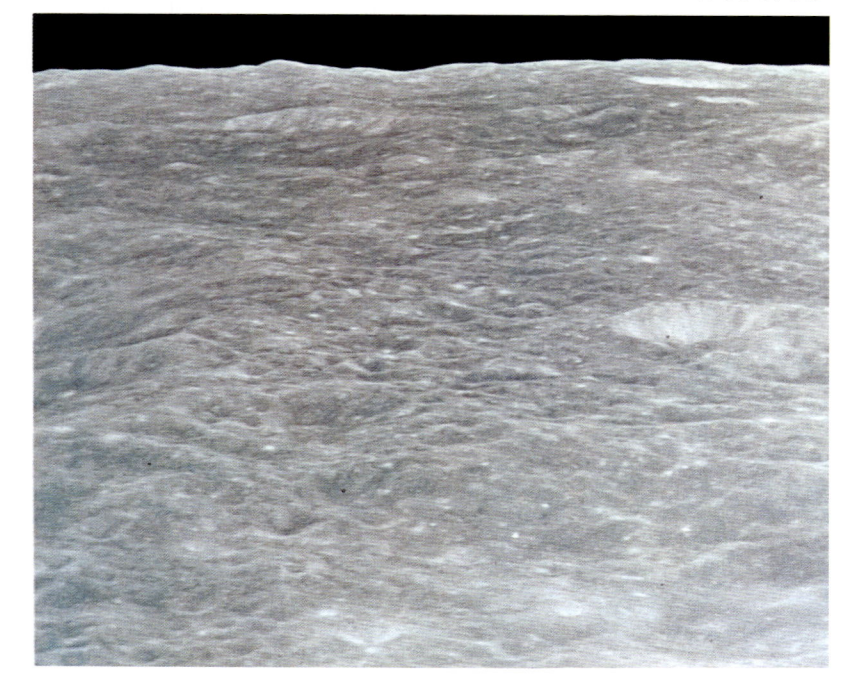

上：このチオルコフスキー・クレーターの斜め写真では，このすばらしいクレーターの突出した中央峰がのぞめる．中央峰とまわりのクレーター床とのコントラストが特に著しい．

下：月の裏面を見たこの斜め写真は望遠レンズを使用して撮影されたもので，そのため距離感が短縮される効果を生み，裏側における起伏を面白く描写して見せてくれている．

アポロ8号　　　　　　　　　　　　　　　　AS8-14-2453

アポロ8号
月軌道から見た"地球の出"の写真．見えている陸地部分はアフリカの西側で，大西洋の大部分は厚い雲でおおわれている．

AS8-14-2383

アポロ8号

ラングレヌス・クレーターの斜め写真で，内壁にある急な階段状地形の詳細や，なめらかなクレーター床とそれを破る中央峰などが示されている．左上方に見える大きくて浅いクレーターはベンデリヌス（ベルギーの天文学者，1580-1667）と呼ばれる．ラングレヌスにくらべてベンデリヌスがすり減ってなめらかであることから，ベンデリヌスの方がかなり古いクレーターであることが示されていると考えられる．

AS8-16-2616

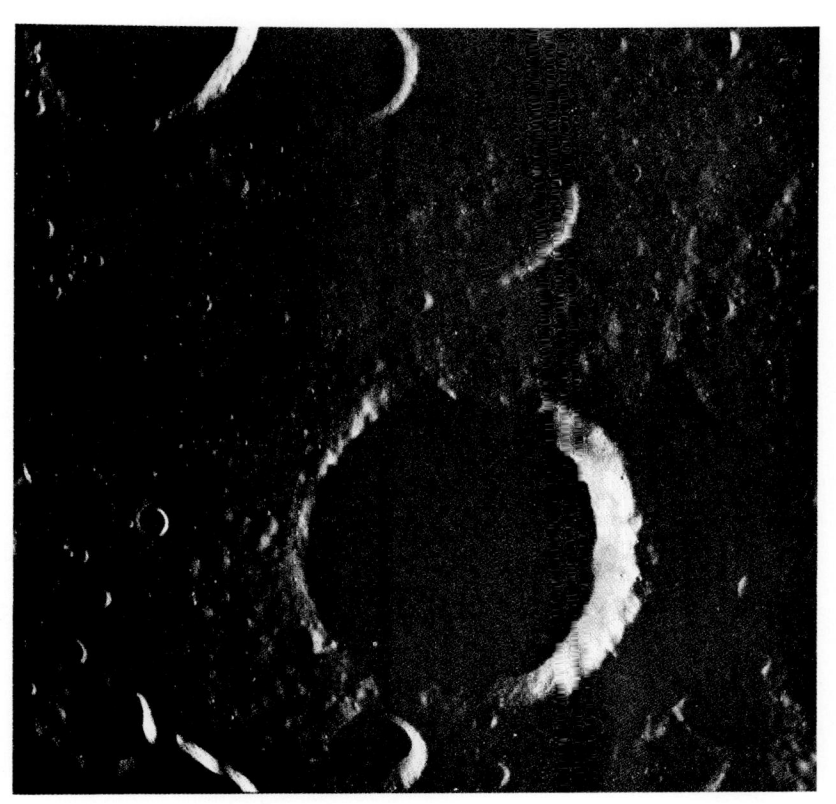

アポロ8号　　　　　　　　　　　　　　　　　　　　　ＡＳ８-１７-２６６４

アポロ8号　　　　　　　　　　　　　　　　　　　　　ＡＳ８-１７-２６７０

上：明暗界線近くにある無名の裏側クレーター．写真中央近くの大きいクレーターは直径が約18マイル．太陽高度が低いために，この地域の大部分は影となって詳細がわからなくなっている．

下：月の裏面にあるこのクレーター床は，アポロ8号の着陸船パイロットによって，おそらく溶岩流であろうと記されたものである．盆地の床部にある大きい影はクレーターの縁からのびている．このクレーターの右下方には，多数の小さくて起伏のあるハンモック状の構造が見られる．

アポロ8号　　　　　　　　　　　　　　　　　　　　　　　　　　　　　　　　　　　　　　　AS8-17-2673

輪郭のはっきりした，この鎖状につらなったクレーターは月の裏面のものである．
この鎖状のクレーターをとり囲む月表の大部分には著しく傷がつき，しかもあば
た状となっていて，直線状の谷がこの地域を斜めに横切ってのびている．

アポロ8号　　　　　　　　　　　　　　　　　　　　　　　　　　　　ＡＳ8-17-2676

上：この月の裏側写真の中央近くに位置している興味ある地形は，大きいキーホール形をしたクレーターである．この一帯は，相当な起伏とクレーターの密集の見られる，特に険しい地域である．

下：写真の中央のすぐ左側の部分で，はっきりした境界線をなしているのは，裏側にあるまだ無名の大きいクレーターの縁である．傾斜したクレーター壁は，まわりの地域よりも太陽光をよりよく反射するので非常に明るく見える．

アポロ8号　　　　　　　　　　　　　　　　　　　　　　　　　　　　ＡＳ8-17-2697

アポロ 8 号

AS8-17-2704

この写真の中央近くにあるクレーターは，まわりの地勢に対してくっきりとそびえている．これは，月の裏側にある，これよりもはるかに大きいクレーターの内部に存在するクレーターである．大きい方のクレーターの中央峰は，左方の明るくて小さいクレーターの近くに見え，大きい方のクレーターの境界をなす段丘状の壁一部は右下方に見える．

アポロ8号   AS8-17-2814

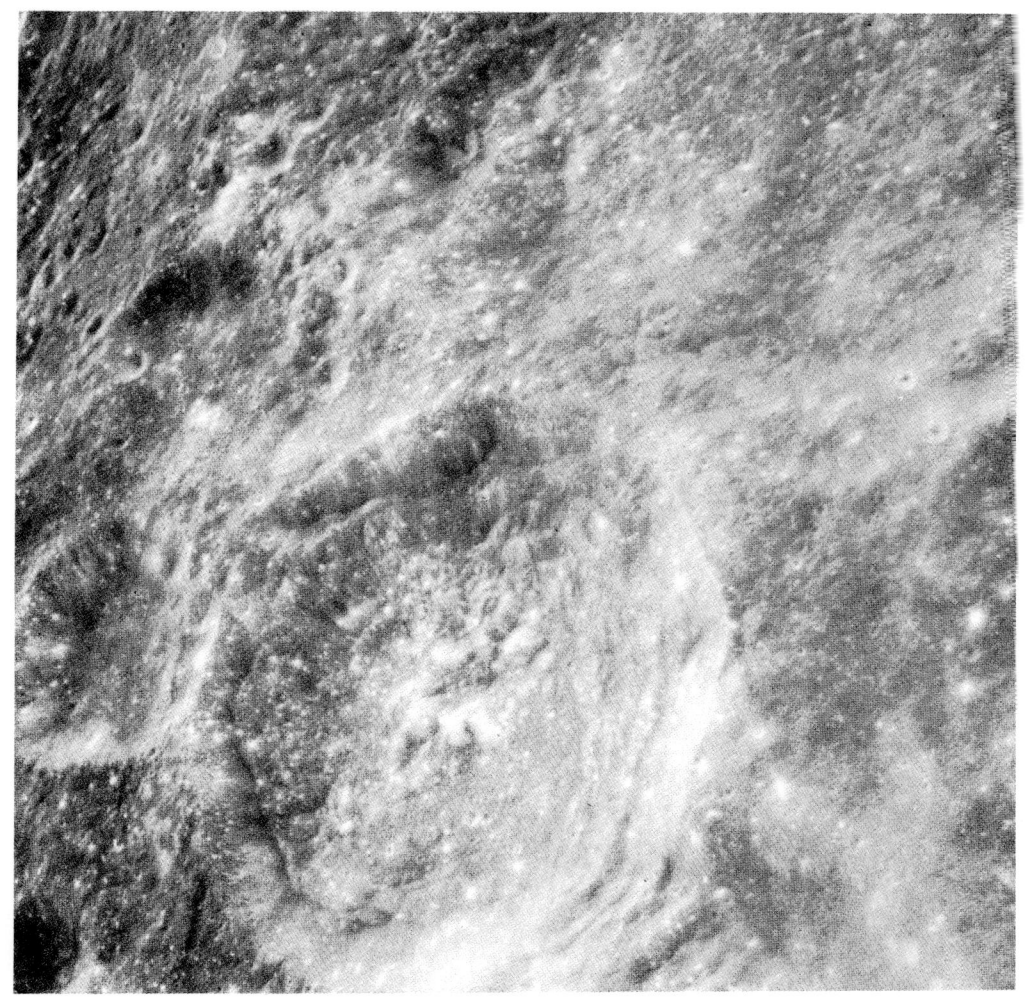

アポロ8号   AS8-17-2736

上：これは静の海の中で，静の基地となることになっていた西の方を向いて撮影された高い斜め写真である．この写真の下方にある海は豊の海で，月平線に向かって広がる海が静の海である．この二つの海を分ける高地はセッキ半島である．

下：下方中央部にある，月の裏側のまだ名前のない大きいクレーターは，直径約30マイルである．段丘状の地形や中央峰——このタイプに属する他の大型クレーターに普通に見られる構造——がこの写真に示されている．まわりの地域に見られる斑紋は，暗い高地面から突き出ている無数の小さくて明るいとり巻きをもったクレーターのために生じている．

アポロ8号 AS8-17-2748

この月の裏側の斜め写真で，左中央前景にある大きいクレーターは，直径が約60マイルである．比較的高い太陽高度のために，月平線近くにある無数のクレーターは明るい条や斑点のように浮き上がって見える．この地域の明瞭な起伏の輪郭線が，暗い月平線にくっきりと見える．

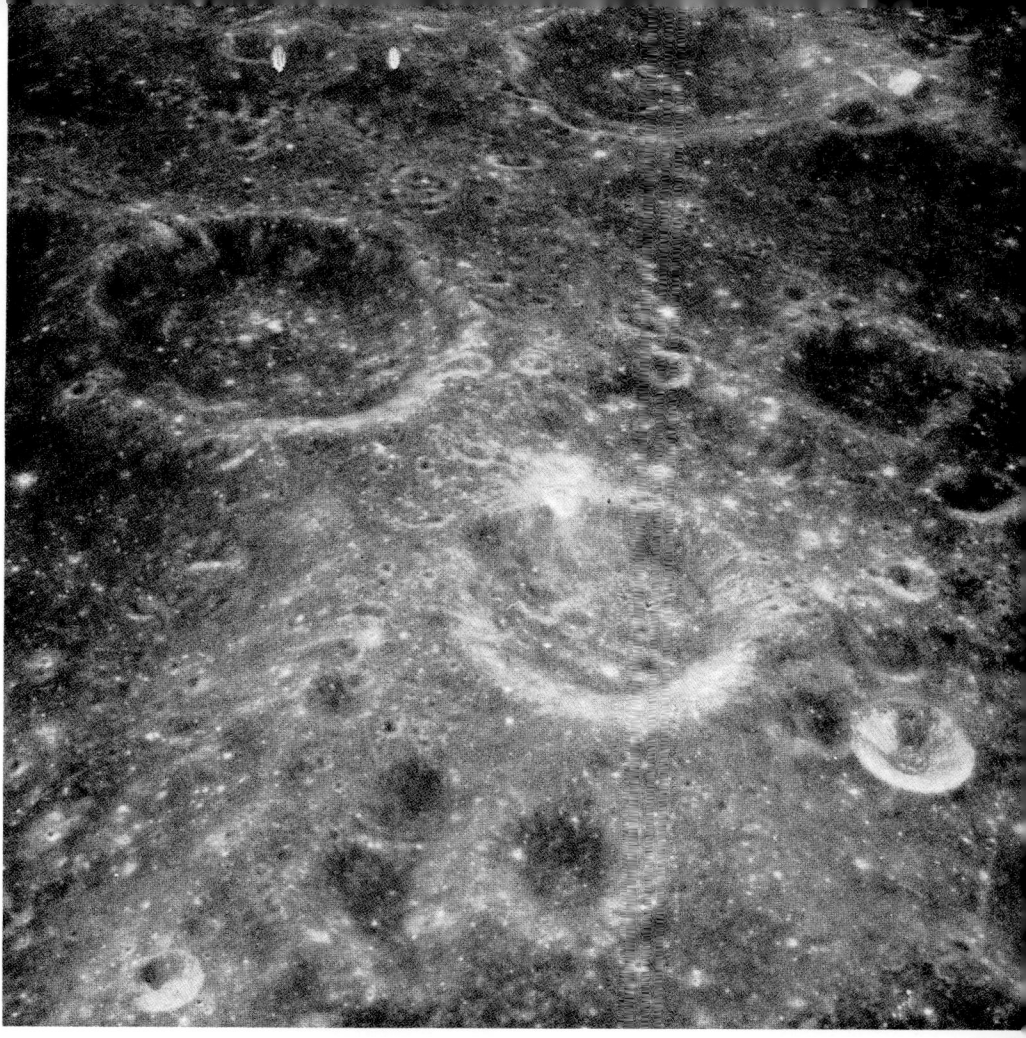

アポロ8号　　　　　　　　　　　　　　　　　　　　　　　　　　　　　　　　ＡＳ8-17-2776

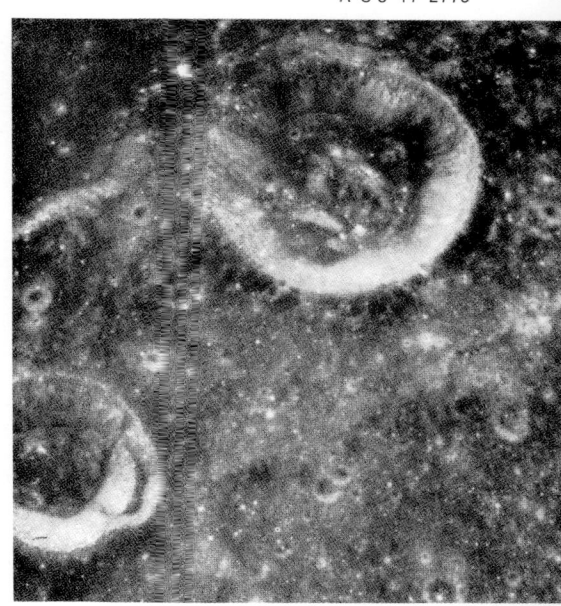

上：この裏側の写真には多数の大型クレーターがはっきり見える．下方中央寄りのクレーターの直径は約15マイルである．これよりもはるかに大きくて暗いクレーターの一部が左下方に見える．

下：この写真は，スミス海の真南にあたる．上部中央にあるクレーターの直径は約20マイルである．高い太陽高度のために，大型のクレーターはいずれも外壁が輝いて見える．左下方にあるクレーターの側面の張り出しも面白い．

アポロ8号　　　　　　　　　　　　　　　　　　　　ＡＳ8-17-2785

アポロ10号

AS10-27-3873

この写真は，司令船のパイロットに監視されながら飛行するアポロ10号の月着陸船から撮影したものである．この写真の背景となっている月面は，スミス海の東方にある周縁域の一部分である．

アポロ10号　　　　　　　　　　　　　　　　　　　　　　　　　　　　　　　　　　AS10-27-3905

上：この Sinus Medii（中央の入江）の写真にある二つの際立ったクレーターは，ブルース（アメリカの学芸のパトロン，1816-1900）およびブラッグ（イギリスの月面学者，1858-1944）と呼ばれる．ブルース（上方のクレーター）の直径は約4マイル，ブラッグ（ブルースのすぐ下）の方は約3マイルである．中央の入江の表面の地勢が，低い太陽高度のために強調されて見える．

下：下端近くに見える際立ったクレーターがブルースである．低い太陽高度（東方での約6°から西方の1°以下までの範囲）のために，一見なめらかな海の部分に生じているうねりが強められて見えている．

アポロ10号　　　　　　　　　　　　　　　　　　　　　　　　　　　　　　　　　　AS10-27-3907

アポロ10号　　　　　　　　　　　　　　　AS10-28-4012

アポロ10号　　　　　　　　　　　　　　　AS10-28-4013

上：月の裏側にあり約26マイルの直径をもつこの無名のクレーターは，内壁が段丘状になっている．外縁部には異様な裂け目（右後方）もあり，奇妙に変化する影と暗い斑点については，今のところ何も説明できていない．

下：月の裏側にあるこのクレーターの直径は約15マイルである．このクレーターは，同じような大きさや年齢の他の多くのクレーターと似ているようであるが，周辺の地域はかなり襞（ひだ）が多いように見える．高い太陽高度のもとでは，小さい無数のクレーターは光のピンポイントのようにうつっている．

アポロ10号　　　　　　　　　　　　　　　　　　AS10-28-4035

上：静の海の南部中央を撮影したこの写真は，海と高地部の性質の違いを例証している（高地の部分とくらべて海はかなりなだらかに見える）．左中央にあり，はっきりと輪郭のわかる小さなクレーターはマスクリンTで，直径は約4マイルである．

右下：これは静の海を越えて東方を眺めた高い斜め写真である．アポロ11号の着陸地点はこの写真の下方中央近くにある．右下にあるクレーターはモルトケ（プロシアの将軍，1800-91）の名で呼ばれる．左上部にある大きいクレーターはマスクリンである．

アポロ10号　　　　　　　　　　　　　　　　　　AS10-28-4040

左下：ほぼ垂直方向に見たこの写真は，静の海の南端上空から撮影されたものである．右下隅にある輝条をもった小さなクレーターはケンソリヌス（ローマの文法学者，数学者で，B.C.約238年頃の人）と名づけられている．ケンソリヌスの右側にあって，これより大きいクレーターはケンソリヌスAと呼ばれる．ケンソリヌスの直径は約5マイルである．中位の太陽高度においてさえ，ケンソリヌスと共存する輝条構造はかなりはっきりと見えている．

アポロ10号　　　　　　　　　　　　　　　　　　AS10-28-4052

アポロ10号

AS10-28-4067

月の裏側にあるこの大きいクレーターの直径は約40マイルである．縁の下方3分の1の所に対称的に存在する小さい三つのクレーターが面白い．クレーター壁の構造が低い太陽高度のために容易に見られる．

上：裏側のこの斜め写真で、中央に見える大きな無名のクレーターは直径がおよそ100マイルもある。この地域の月表面が荒れているのは、著しいクレーター形成の結果である。大きいクレーターの中央南側の縁には、明るい放射条をもったクレーターがのぞまれる。

下：この稀にみる3個の裏側クレーターの列は、目標地形判定のための格好の地点となった。右側の大きいクレーターは約25マイルの直径で、粗い床面と著しい階段状構造をもっている一方、明瞭な中央峰は見当らない。

アポロ10号　　　　　　　　　　　　　　AS10-29-4180

アポロ10号　　　　　　　　　　　　　　AS10-28-4106

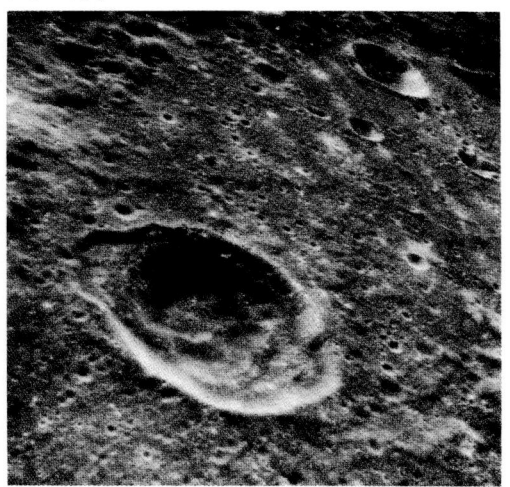

アポロ10号 　　　　　　　　　　　　　　　　　　　　　　　　　　　ＡＳ１０-２９-４１８３

上：この裏面の斜め写真に見られる大きなクレーターは，その外形が珍しく直線的に見える．なめらかな様子から判断すると，このクレーターは，その中央近くにある明るくて形のはっきりしたクレーターにくらべてずっと古いものであろう．後方中央にある大きいクレーターの右側には，一連のハンモック状突出地形も認められる．

下：このクレーター（前の写真で遠くに見えていたもの）の直径は約20マイルである．よく見ると，左側の壁に歪んだ張り出しがある．その部分には階段状構造も明らかに認められる．クレーターは裏側の無名の盆地の端を占めていて，凹凸のある地域（一般には高地地域に伴うもの）が画面の左側と上方に見える．

アポロ10号　　　　　　ＡＳ１０-２９-４１８９

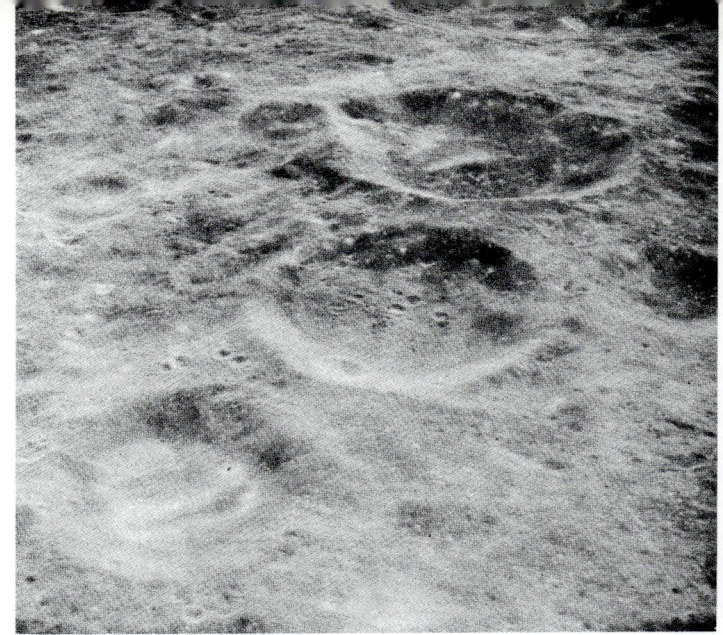

上：珍しい集合状態を示すこれら無名の裏側クレーターは，直径が20マイルから35マイルである．最上部にあるクレーターの右下端には，小さいがはっきりしたクレーターが一つ見えている．

下：この斜め写真の前景には，小さいクレーターを縁にのせた大きい無名の裏側クレーターがうつっている．小さくて輝いているクレーター（左中央）や，明瞭な放射条をそなえた新しく形成されたクレーター（右中央）なども見える．

アポロ10号　　　　　　　　　　　ＡＳ10-29-4205

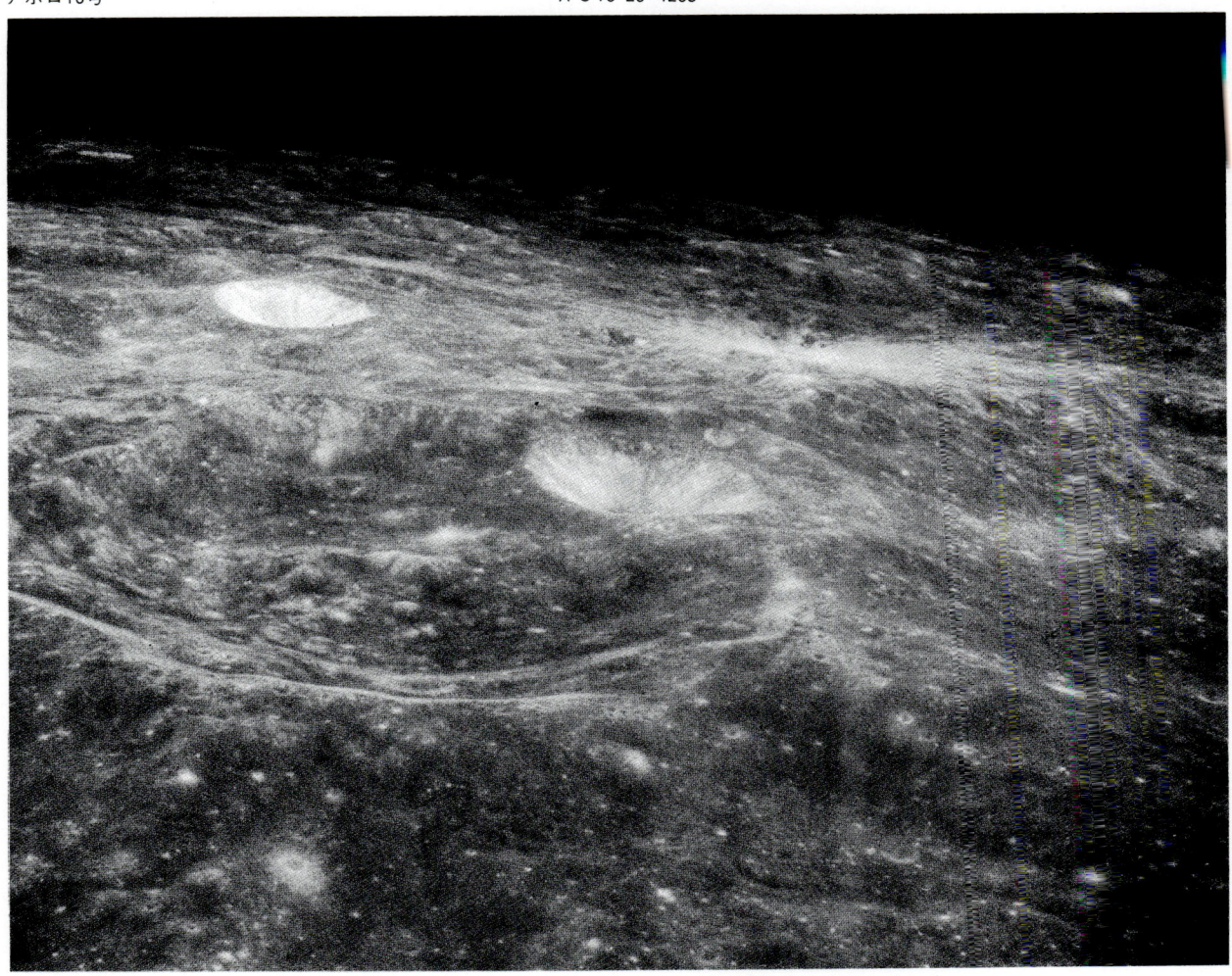

アポロ10号　　　　　　　　　　　ＡＳ10-29-4224

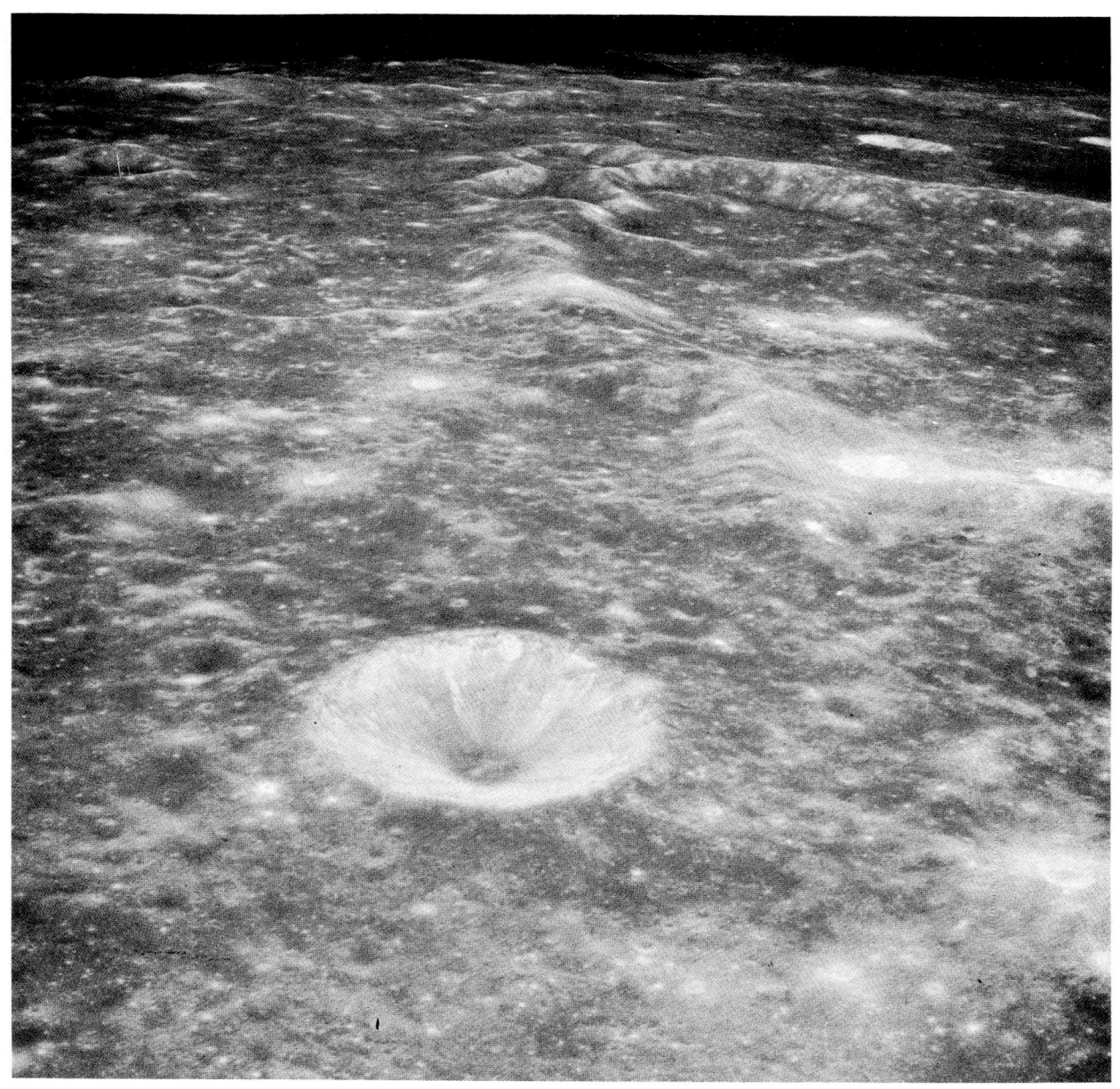

アポロ10号

AS10-29-4226

裏側を写したこの斜め写真は,スミス海(月平線中央の暗色域)の東端を示している.前景には大きな明るいクレーターがきわだち,また右側中央には,盆地をまわりの地域から区切る山地性のリッジが見られる.明るい放射条をもつ多数の小さいクレーターもこの地域に認められる.

上：スミス海の中の，狭い一部を見た低い斜め写真で，この地域にはいろいろと珍しい地形が示されている．左側の大きいトレンチ状構造は，画面の外にある多環構造をもつ地域にはじまり，中央の盆地状の地域にまでのびている．明るい放射条をもった無数のクレーターや小クレーターが，盆地と高地の両方に見られる．上方中央には大きめのクレーターが一つ見えている．

下：スミス海を眺めたこの写真では，太陽高度が高いので，突出した地形とそのまわりの地域とのコントラストがはっきりしている．曲がりくねった小溝がこの地域の中央を横切っているのが明瞭に見える．右側中央には大きな明るいクレーターがあり，放射条をもつ小さなクレーターが地域一面に散在している．

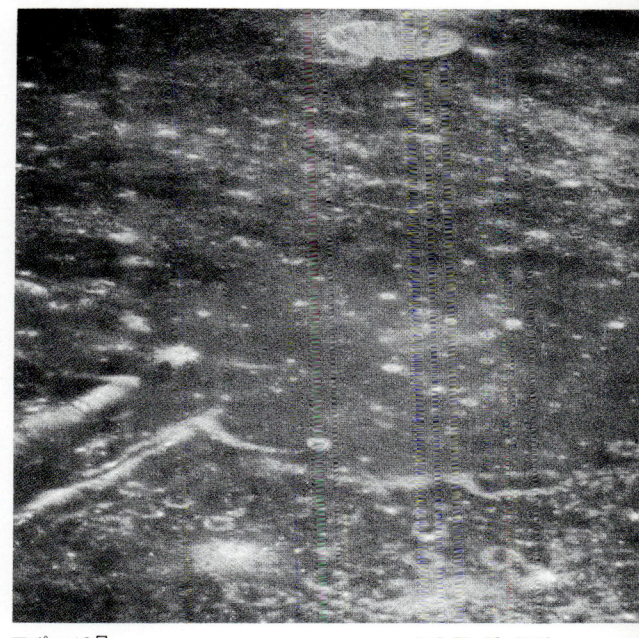

アポロ10号　　　　　　　　　　　　　　　AS10-33-4999

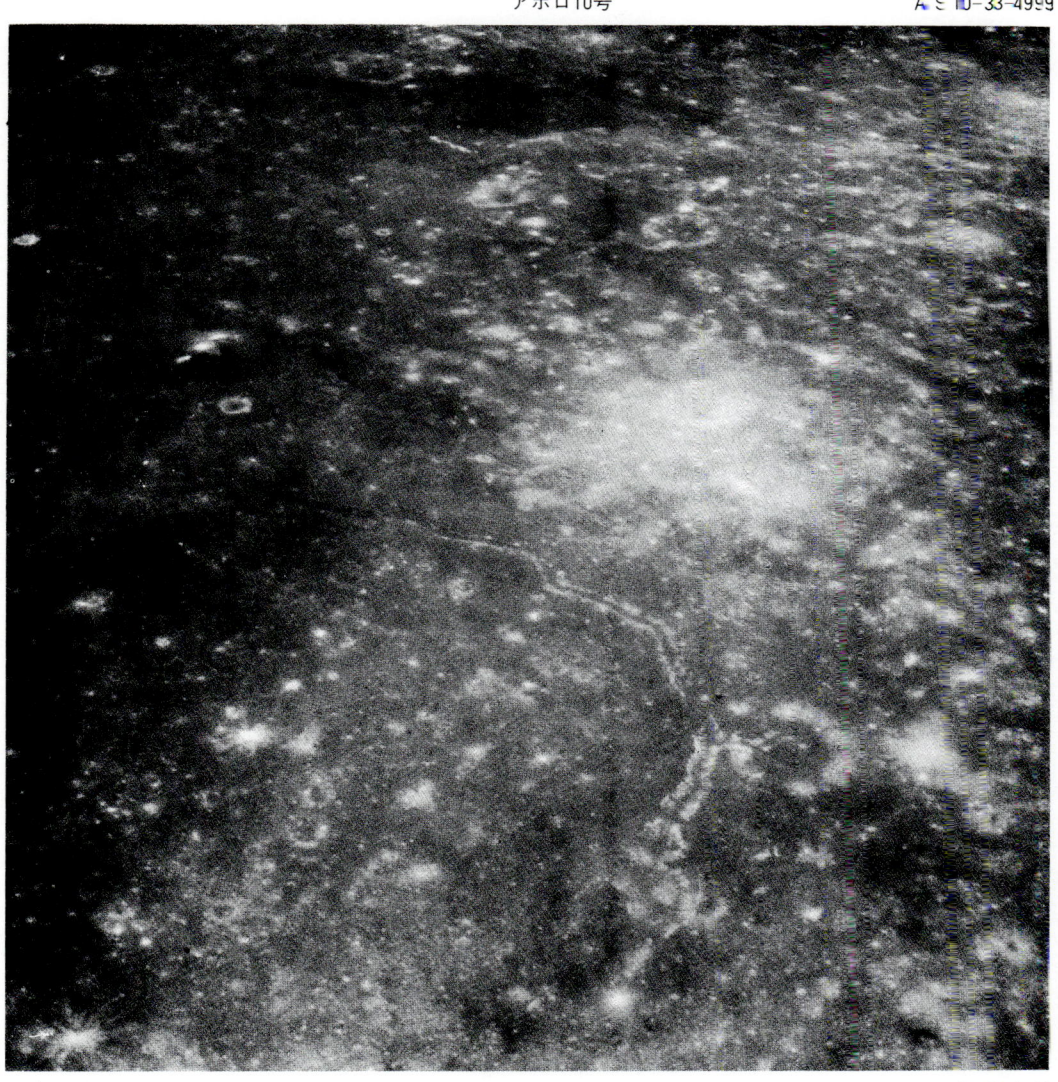

アポロ10号　　　　　　　　　　　　　　　AS10-29-4230

アポロ10号　　　　　　　　　　　　　　　　　　　　　　　　　　　　　　　　　　　　ＡＳ10-29-4253

上：この斜め写真の中央に見えるのはメシエＢ（フランスの天文学者，1730-1817にちなむ）と呼ばれる小形のクレーターの近写で，影になった部分を見ると，反射光の違いによって急峻な内壁上にかなりの色調の変化が認められる．クレーターの外壁が，まわりの海の部分に向かってゆるやかに裾を引いているのもわかる．

下：低い位置からのこの斜め写真中で顕著な三つのクレーターは，左中央がメシエ，そのすぐ右がメシエＡ，そして手前がメシエＢである．これらの比較的小形のクレーターは直径４ないし８マイルである．月平線上に地形の盛まりがあって，暗黒の空とよい対照をなしている．

アポロ10号　　　　　　　　　　　　　　　　　　　　　　　　　　　　　　　　　　　　ＡＳ10-29-4256

アポロ11号　　　　　　　　　　　　　　　AS11-38-5602

上：この特徴的な二重クレーターはメシエAである．上の方にある古いクレーターと，手前のもっと新しく形成されたクレーターとの間で共有されている壁には，明らかな不連続が認められる．

下：豊の海にある5マイルほどの直径をもったセッキKの眺めで，その裾の端には小さくて明るい放射条をもったクレーターがある．海との境を限る高地区域が地平線上に見える．左下方にうつっているのは，月着陸船のスラスターノズルの影である．

アポロ10号　　　　　　　　　　　　　　　AS10-29-4261

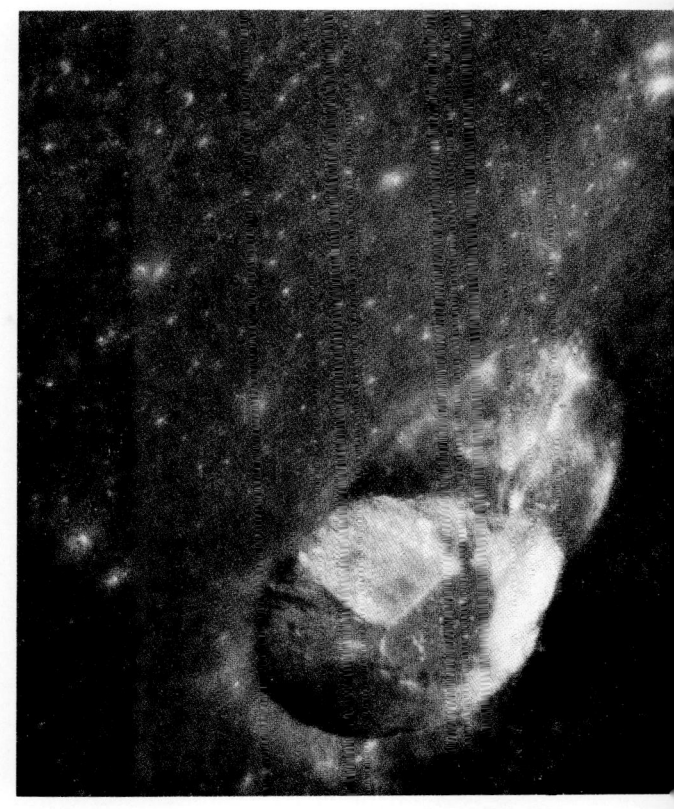

アポロ10号

AS10-29-4265

この斜め写真の右上方に見える明るいクレーターはセッキ UA と呼ばれ、豊の海の西部に位置している．明るい高地が暗い海から容易に見分けられる．中央右側に向かってこの地域を直線的に横切る幅広い溝がある．

アポロ10号

AS10-29-4276

この低い斜め写真は、アポロ10号の月着陸船から、静の海にあるアポロ11号の着陸地点へ降下しながら近づいてゆくときに撮影されたものである．写真中央の細長い丘はセッキBの近くにあり，周辺の海の床部から約780メートル高くなっている．左下方にある影をもった丘は，このような海の中の丘の構造を示唆している．

アポロ10号　　　　　　　　　　　　　　　　ＡＳ10-29-4312

上：アポロ11号の着陸地点へと接近して降りてゆく途中，着陸船から低い高度で写されたこの斜め写真では，静の海のざらざらした地形がよくわかる．写真中央を左から右へと斜めに横切って，1本の山稜がのびている．左上方の大きな明るいクレーターはモルトケと呼ばれる．

下：低い位置から写したこの斜め写真の中央にある大きなクレーターはモルトケである．外壁の斜面上に相当な量の岩屑が認められる．モルトケを取り囲む地域は斑点状に見え，背景の海とくらべてざらざらしている．モルトケのすぐ後方には，この地域を直線状に横切る1本の溝，すなわちヒパーティアⅡ小溝（エジプトの数学者，A.D. 415没にちなむ）があり，そのまた後ろには高地があって静の海の南西端との境を限っている．

アポロ10号　　　　　　　　　　　　　　　　ＡＳ10-29-4324

116

アポロ10号　　　AS10-30-4356

裏側にある直径50マイルのクレーターの中央部を見た低い高度からのこの斜め写真によって、このようなクレーターの内部構造のクローズアップが得られる．右側中央にある顕著な山地地形は、このクレーターの中央峰である．クレーター床は多数のあばたが集まったようになっていて、中央上部近くには多くのハンモック状突出地形も見られる．左側ではクレーター内壁の階段状地形が明瞭である．

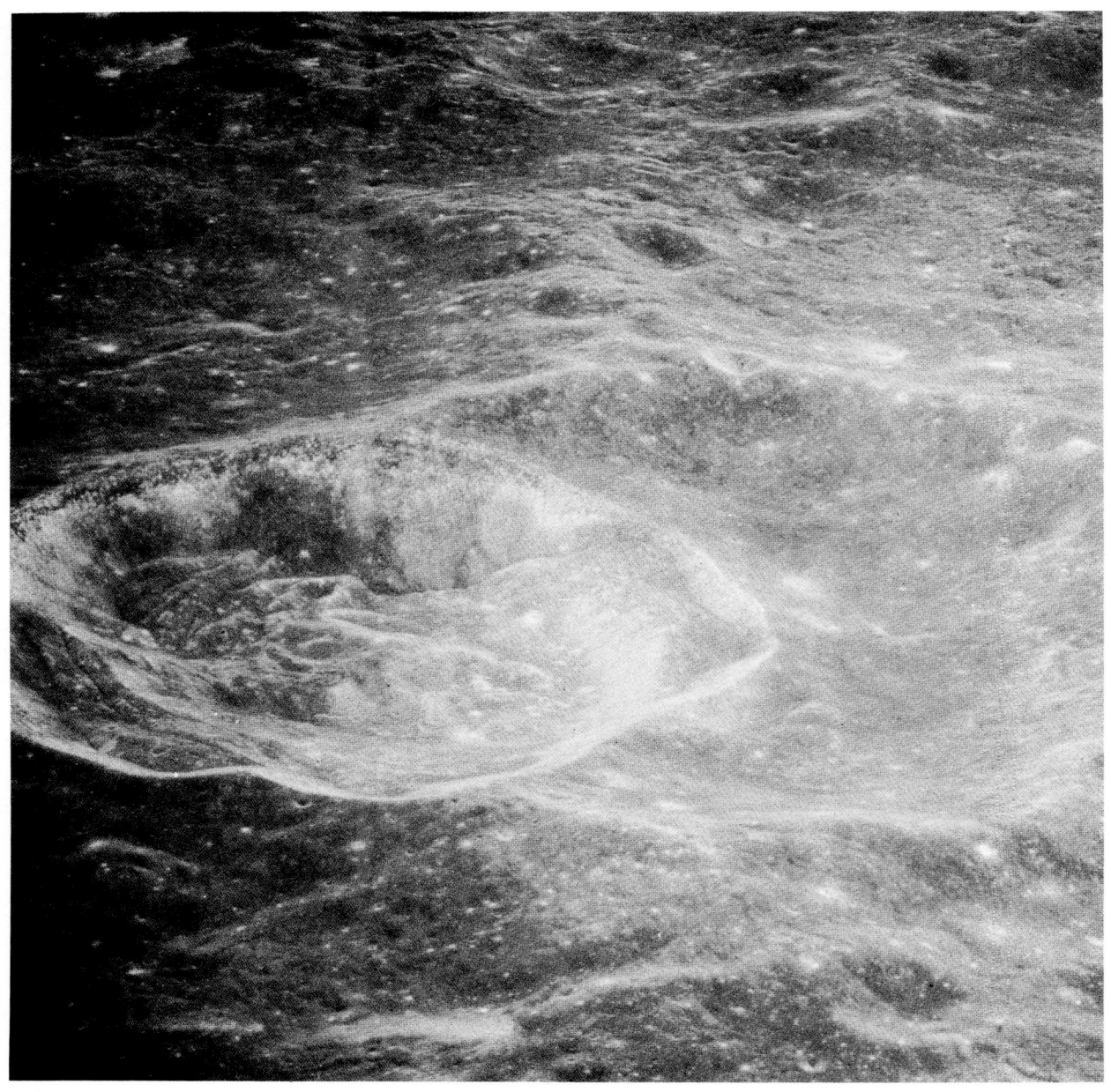

アポロ10号

AS10-30-4371

月の裏面にあるこのダブルクレーターの写真では，小さい方のクレーターは月表面を貝殻状にかきとったかのような外観を呈している．大きくて古い方のクレーターは比較的すり減っていて，小さいクレーターに見られるようなシャープな階段状地形を示さない．背景をなす地域は，比較的高い太陽高度のもとでもしわがあるように見える．

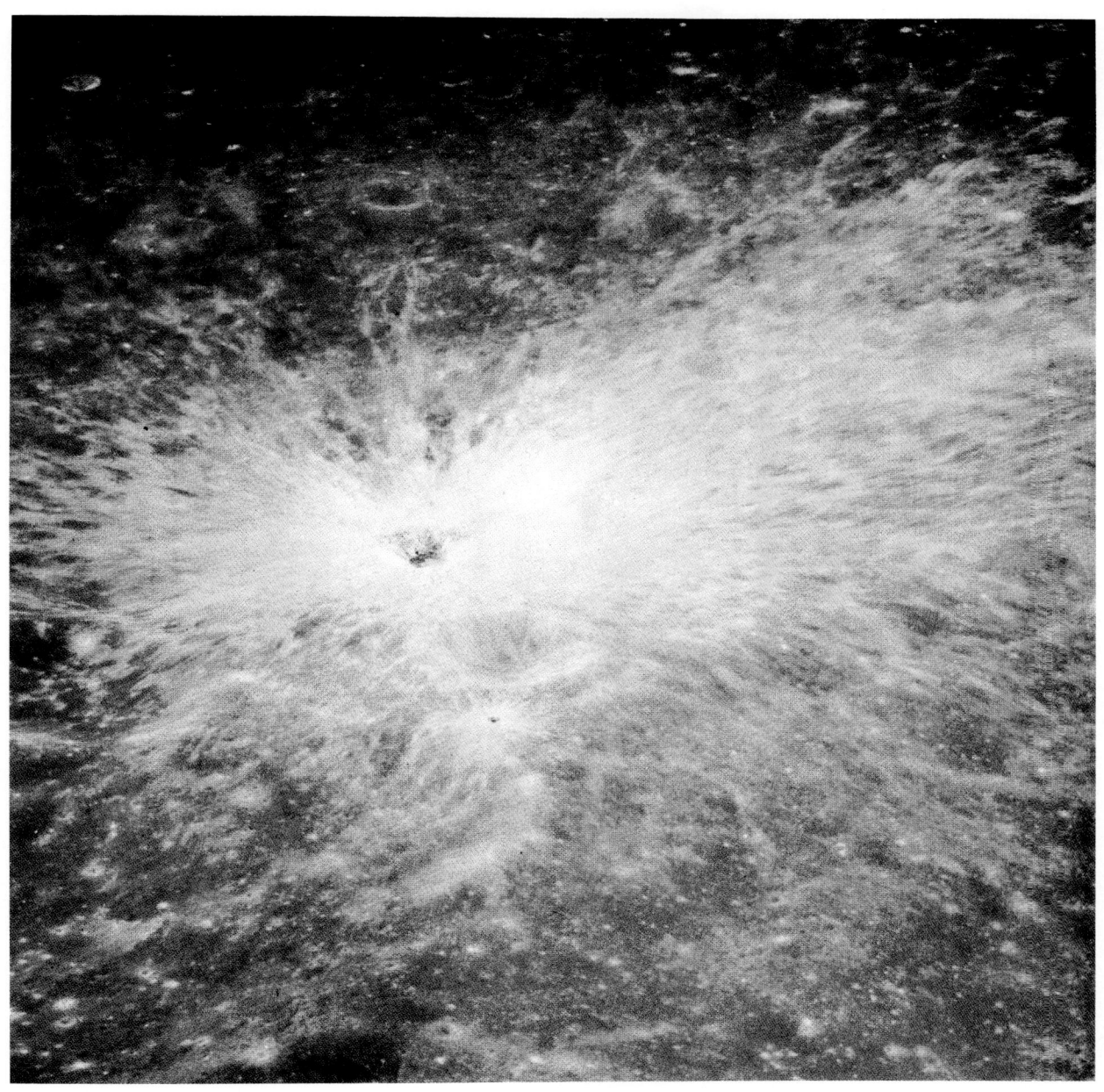

アポロ10号

AS 10-30-4372

裏側にある比較的小さなこのクレーターがもっている大きくてよく輝く放射状構造は，このクレーターがかなり新しい生成起源のものであることを示している．隕石の衝突がクレーターを形成したときの放出物質によってこのような放射条ができ，その放出物はまだ太陽浸食や暗黒化の作用をこうむっていないのだろうと考えられている．

アポロ10号　　　　　　　　　　　　　　　　　　　　　　　　　　　　　　　　　　　　ＡＳ10-30-4426

写真中央にあるタルンチウスＡ・クレーターは直径がおよそ10マイルあり，豊の海の北部に位置している．海の端近くには1本の直線的な溝と，輝条をもった小さな1個のクレーター（右下方）を見ることができる．

アポロ10号

AS10-30-4450

前景に見える大きなクレーターはマナーズ（イギリスの海軍将校，1800-70）であり，下部中央にある小型の1個はアラゴーB（フランスの天文学者，1786-1853にちなむ）と呼ばれる．ダブルクレーターであるアリアデウス（マケドニア王，B.C.317没）とアリアデウスAは，背景中央の曲がりくねったRima Ariadaeus（アリアデウス小溝）の末端に位置している．このダブルクレーターに近接する小溝の一部分が埋め立てられた様子が，どのように見えるかに注意せよ．

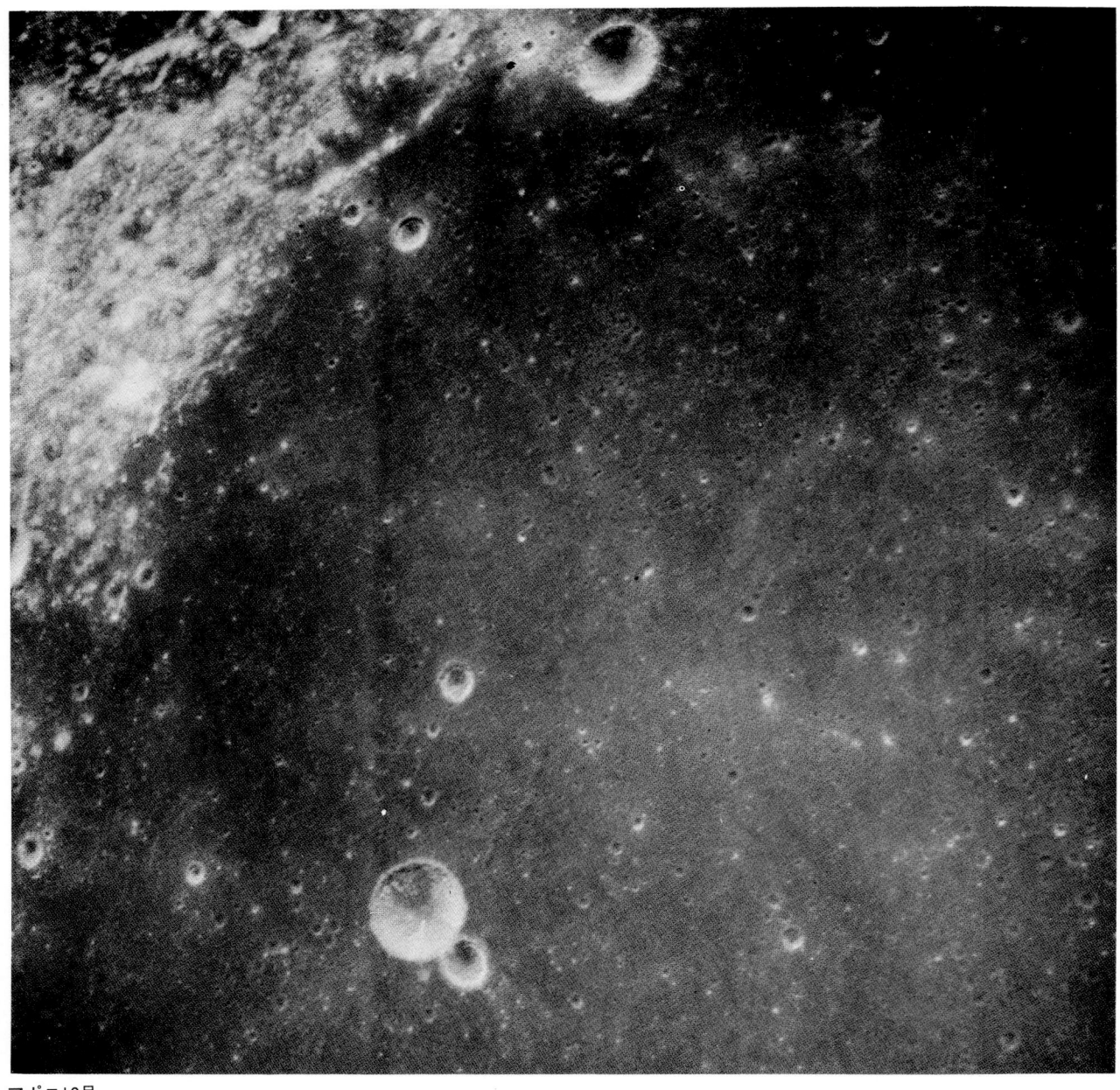

アポロ10号

上：豊の海の北部をほぼ垂直方向から見た写真．左上方の高地は，豊の海と危の海をへだてる凹凸の多い地帯の一部である．

AS10-31-4506

下：右中央にあるクレーターのタルンチウスGは直径が約5マイルあり，豊の海の北部に位置している．多数のしわ状のリッジがあったり，小さな溝がこの地域を斜めに横切ってのびていたりすることから，海の部分に凹凸のあることが明らかである．

アポロ10号　　　　　　　　　　　　　　　　AS10-31-4512

アポロ10号　　　　　　　　　　　　　　　　　　　A S10-31-4521

アポロ10号　　　　　　　　　　　　　　　　　　　A S10-31-4528

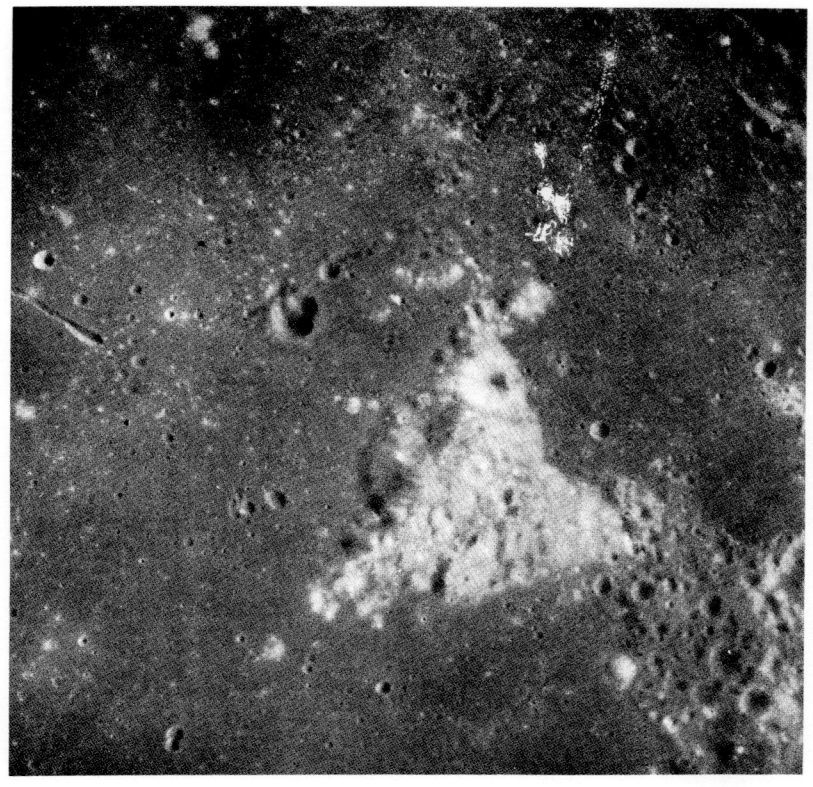

上：半島をなす高地の先端にみえる明るいクレーターはセッキθと呼ばれ，静の海の東部に位置している．この半島の最高点の高さは海床から約130メートルである．左方に見えるように，海の表面にははっきりと谷が刻まれているし，多数のクレーターがいろいろな形で群れをなしている．

下：静の海の南端のほぼ垂直に近い写真．左上方のすみに見える半円形の地形はマスクリンDで，静の海の基地に近づくときのよい指標となっている．マスクリンDは時に"ボッブズ・ベンド"といわれることがあるが，同様に半島状の地塊は"バーバラ・メサ"と称されることもある．これらの名はアポロ10号の宇宙飛行士たちによって，この見分けやすくて特異な地形目標に対して与えられた，作業上のニックネームである．

123

アポロ10号

AS10-31-4546

右側中央のはっきりした形を示すクレーターは大テオン（ギリシャの天文学者，A.D. 100頃にちなむ）と呼ばれ，その直径はおよそ6マイルである．左上部にはドランブル・クレーター（フランスの天文学者，1749-1822による）の一部分が見える．この高地域は静の海の西方に位置している．

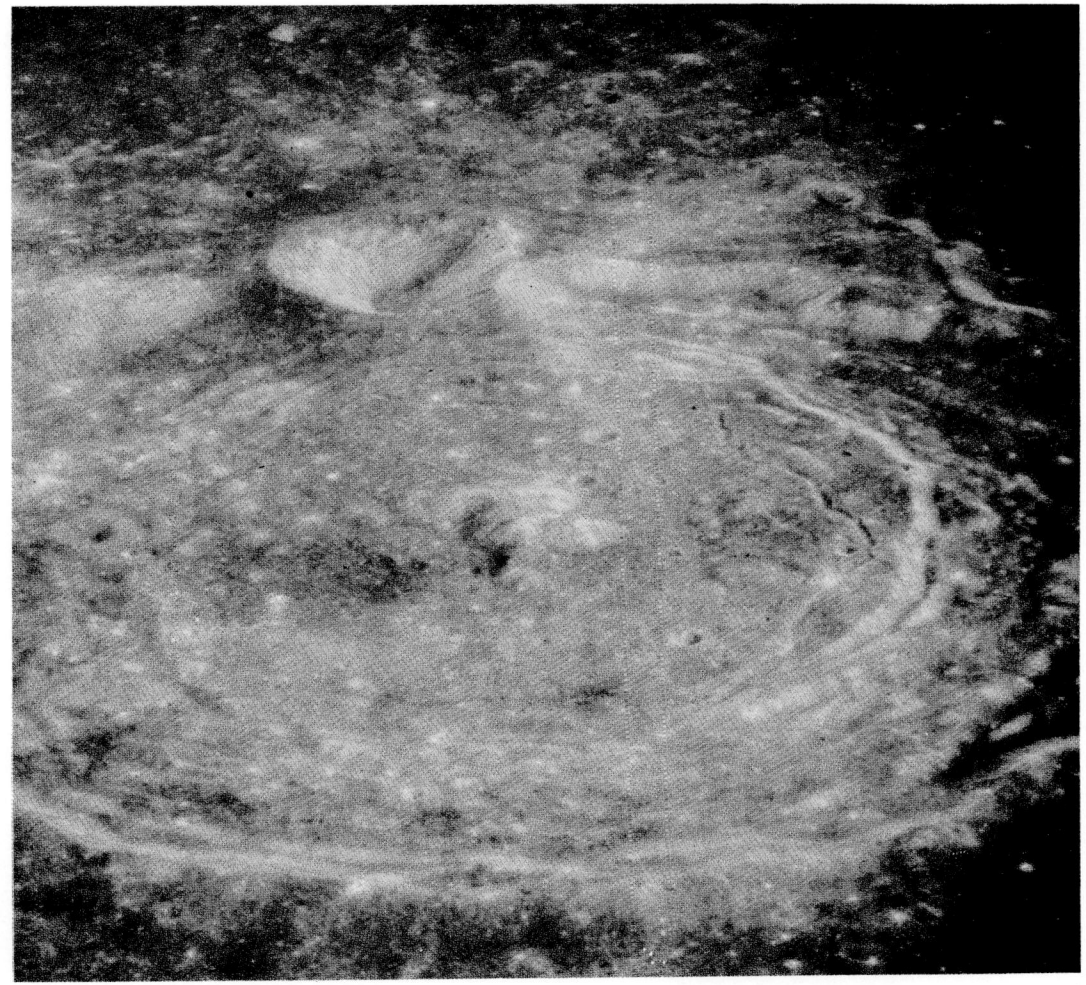

アポロ10号　　　　　　　　　　　　　　　　　　　　AS10-31-4566

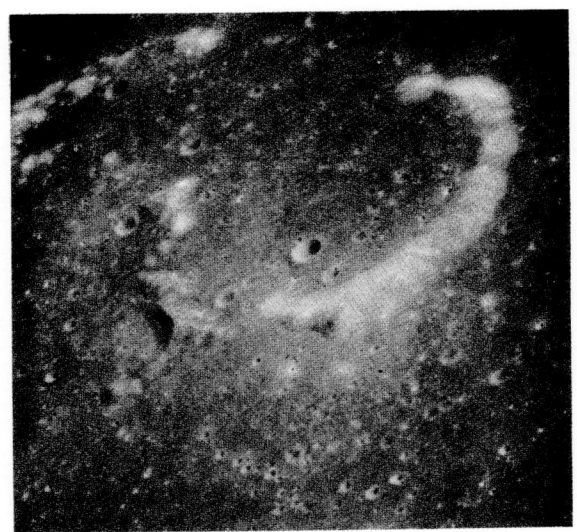

アポロ10号　　　AS10-31-4580

上：40マイルの直径をもつこのクレーターはタルンチウスで，豊の海の中にある．その縁の上にのる，小さくて明るいクレーターはタルンチウスCと呼ばれる．タルンチウスには中央峰があり，また階段状地形や中央付近にあるいくつかの興味ある弧状の溝も見られる．

下：この鈎形をした地形は，環状のマスクリンF・クレーターを眺めたものである．マスクリンFはその外観からすると非常に古いクレーターで，静の海が完全に発達して現在のレベルにまで達する以前に形成されたものらしい．

アポロ10号

この写真はヒパーティアⅠ小溝の規模についてヒントを与えてくれる．モルトケ・クレーター（中央）の少し先のところでリル（小溝）は二分し，一方の枝は海の中をさらにのび，他の一方は静の海の南の境界線をなす高地を横切っている．

AS10-31-4601

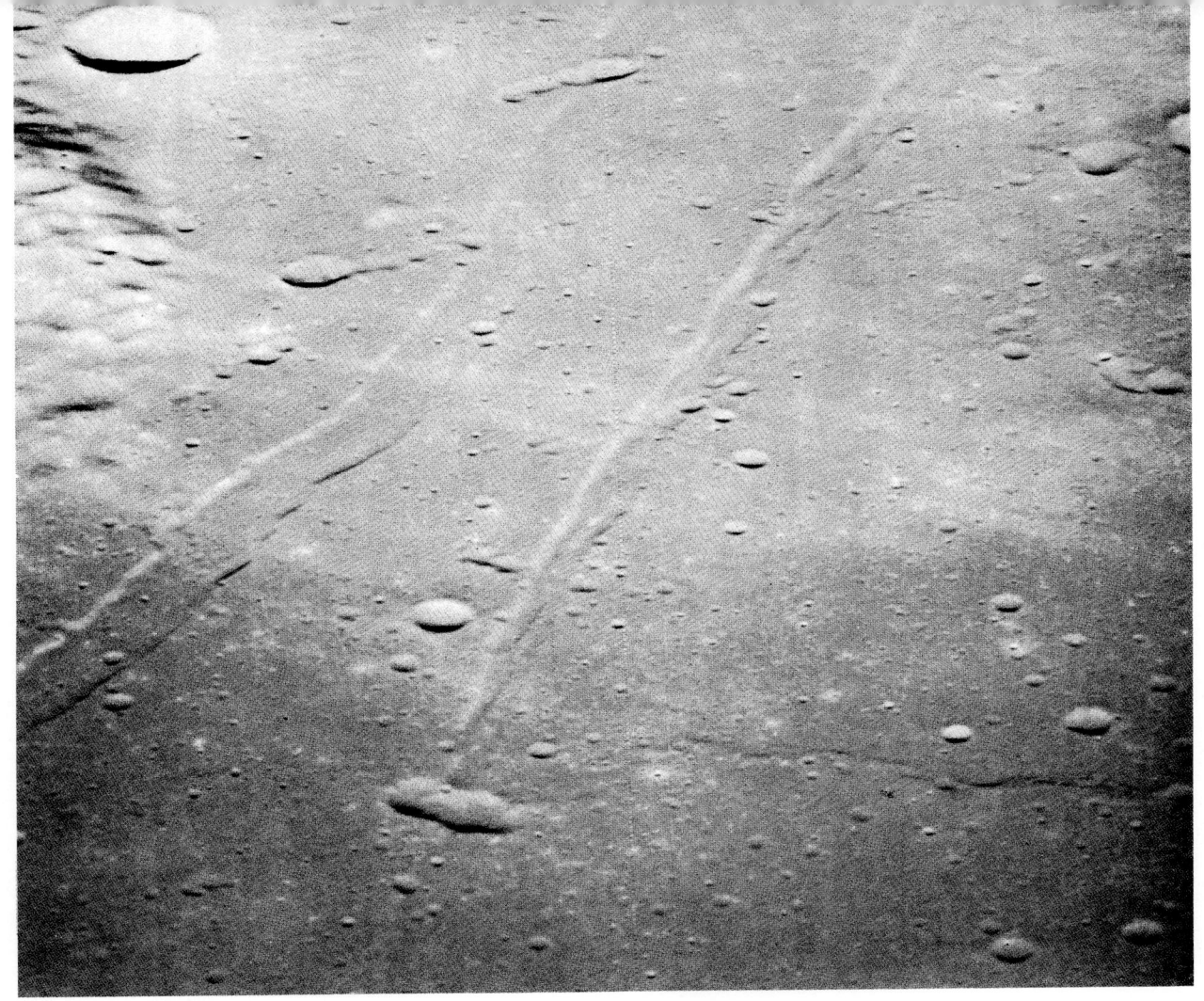

アポロ10号　　ＡＳ10-31-4621

上：静の海の南西部を斜めに見たこの写真には，平行に走る2本のリル（小溝）が目立った構造としてうつっている．左側の幅広い方がヒパーティアⅠ，画面の中ほどを通っているのがヒパーティアⅡである．上部左端にはヒパーティアＥ・クレーターがある．

下：画面中央の大きなクレーターはアラゴーという．アラゴー・クレーターは静の海の西部に位置し，その直径は約18マイルである．多くの月面クレーターの特徴である階段状構造地形が，このアラゴーにも明瞭に認められる．

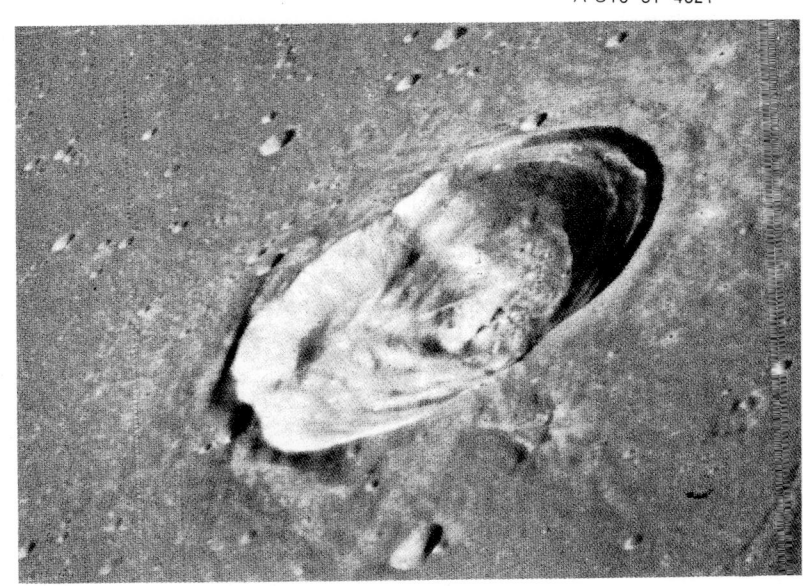

アポロ10号　　ＡＳ10-31-4630

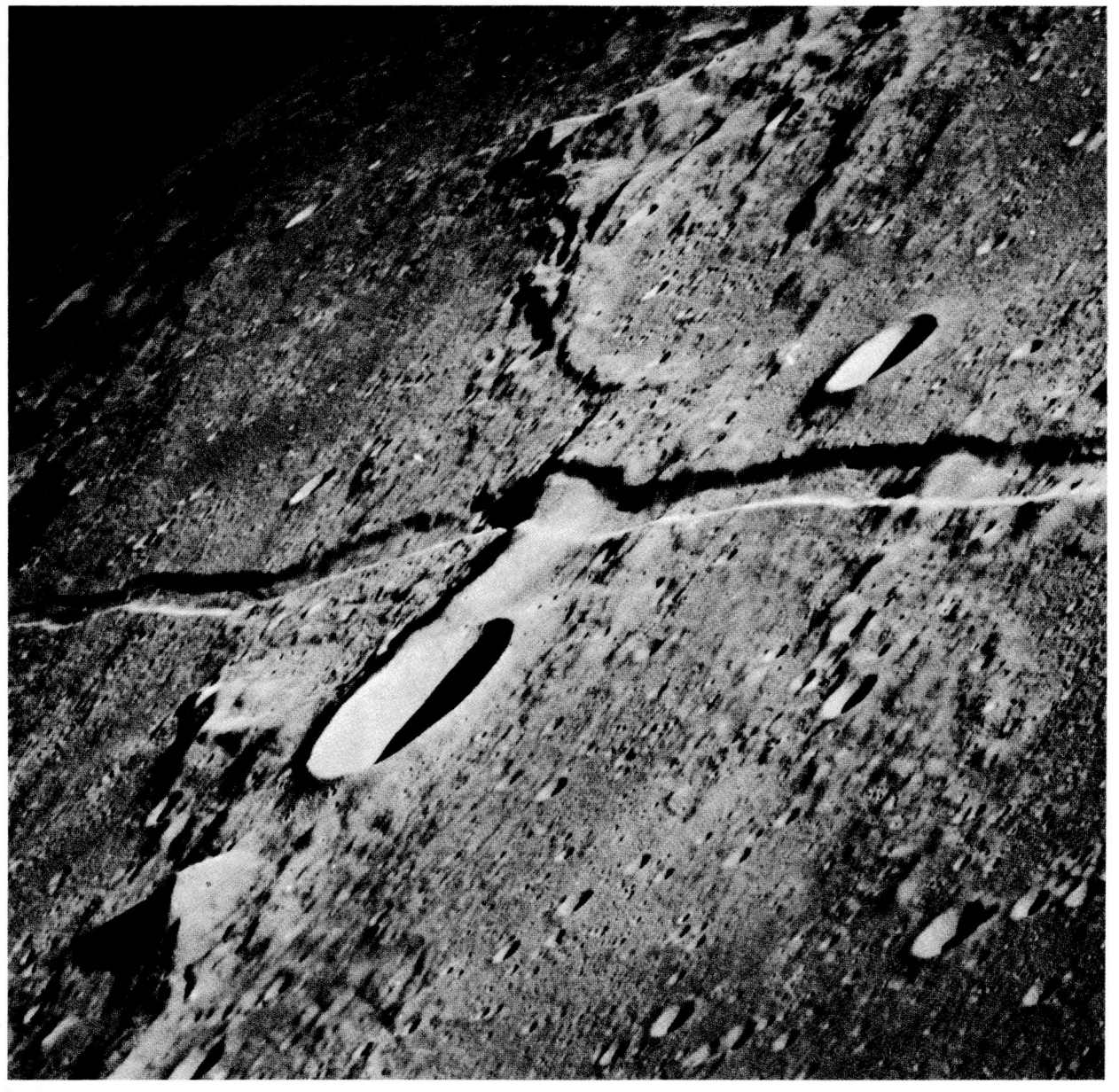

アポロ10号 A S10-31-4646

このすばらしい斜め写真に見られる幅広い直線状のリル（小溝）は，アリアデウス・リルといい，幅はおよそ3マイルである．このリルの下にある大きなクレーターはジルベルシュラーク（ドイツの天文学者，1721-91）で，約9マイルの直径をもつ．写真でわかるように，このリルは海面から高地面にまでおよぶいろいろの地帯を横切ってのびている．

アポロ10号　　　　　　　　　　　　　　　　　　　　　　　　　　　　　　　　　　　　　　AS10-31-4647

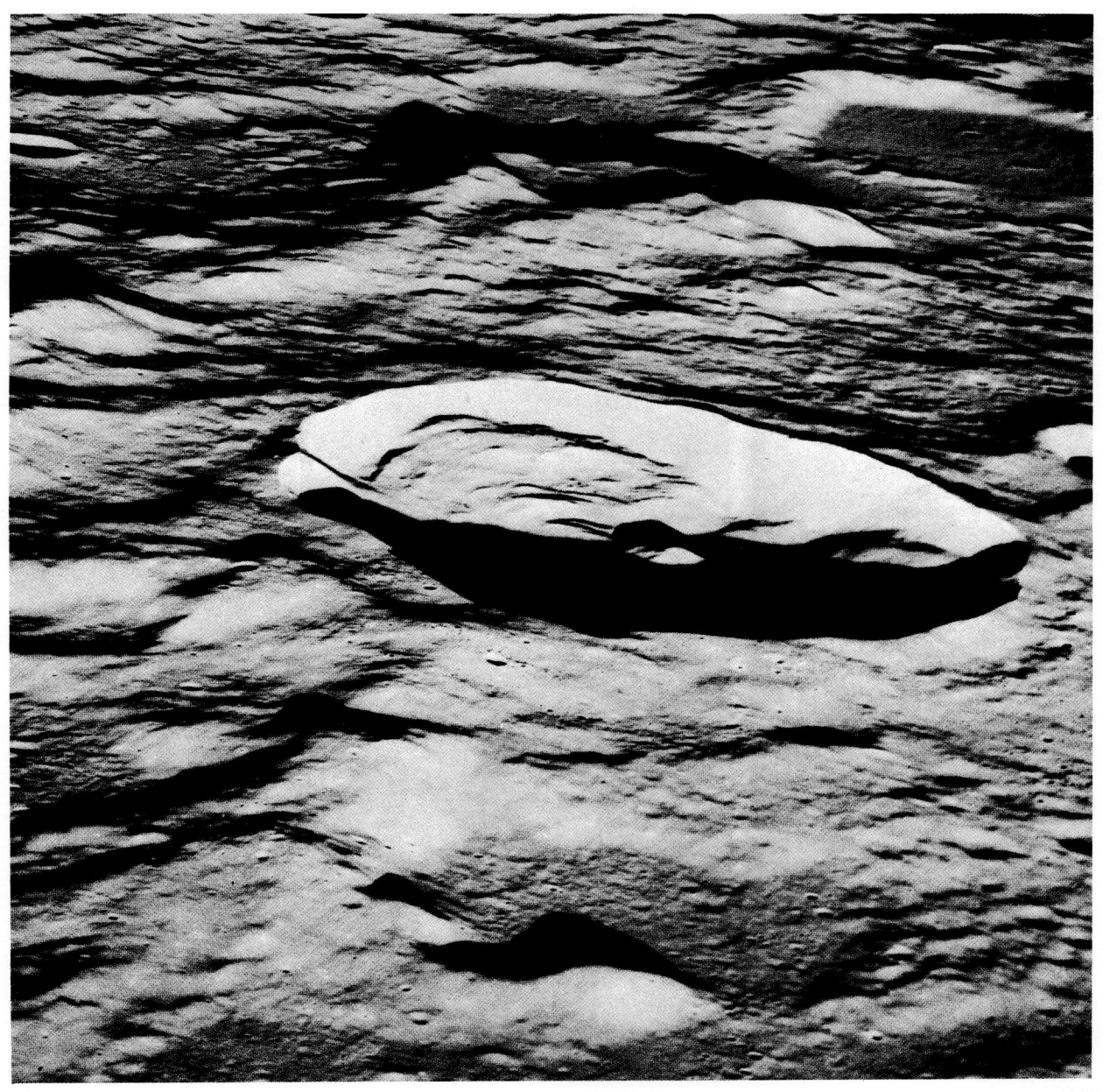

中央に見える大きなクレーターはゴダン（フランスの探検家で数学者, 1704-60）
と呼ばれる．このクレーターの直径は約27マイルで，静の海と中央の入江を分か
つ高地地域に存在する．

アポロ10号 A S10-31-4654

月の裏面を写したこの斜め写真に見られる大きなクレーターは，その直径が約60マイルにおよぶ．とくに興味がもたれるのは，このクレーターの床地域と中央上方に見える凹凸のはげしい地域とに生じているクレーター鎖である．他に二つの大きなクレーターが，画面最上部の地平線近くの左側と右の方とに見えている．

アポロ10号　　　　　　　　　　　　　　　　　　　　　　　　　　　AS10-31-4665

上：この写真の上方にある大きなクレーターは約25マイルの直径をもち，月の裏側にある無名の盆地の一つに存在している．このクレーターの右上方あたりから凹凸の多い高地地区が始まっているのがわかる．写真中央の，二つの大きなクレーターのほぼ中間にあたるところに，ダブルクレーターが一つあり，その下に小さいが輝条をもったクレーターを伴っている．

下：この斜め写真の中央に大きく写っているのは，月の裏側にある直径5マイルのクレーターである．このクレーターの縁には別の小さなクレーターがのり，さらにその反対側の縁に接するようにして一つのクレーター鎖がのびている．写真の上方の部分には，これらのクレーターの存在する裏側盆地のまわりを画する，峨々たる高地が写っている．

アポロ10号　　　　　　　　　　　　　　　　　　　　　　　　　　　AS10-31-4673

131

アポロ10号   A S 10-33-4975

上：この斜め写真に見られるフライパン型をしたクレーターは，月の裏側にある大きな無名のクレーターの外縁に位置している．このフライパン型クレーターは，明らかに一種のひびわれ作用をうけたと思われる，比較的平らな床部をもっている．

下：月の裏側を写したこの斜め写真では，画面の上方から下端に向かってはっきりとしたクレーター鎖が走っているのが見られる．この写真に示されているような大きさのクレーター鎖は月面には珍しく，その成因としていろいろのこと，たとえば衝突とか火山作用とかが考えられている．中央部からクレーター鎖の右にかけて，比較的最近に形成された大きいクレーターがあり，その外縁上には小形のクレーターが一つのっている．

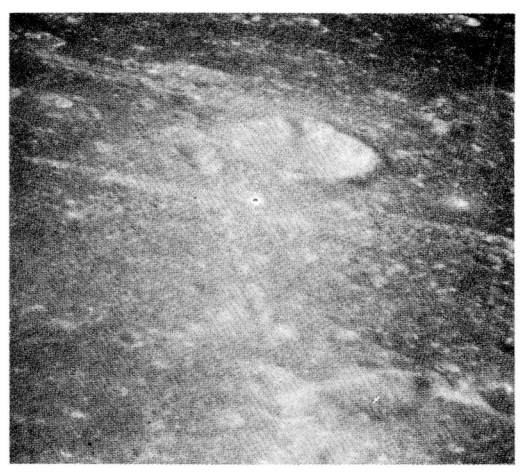

アポロ10号   A S 10-33-4914

アポロ10号

低いところから撮影したこの斜め写真に見られる二つのクレーターは，前景中央のテオフィルス（アレクサンドリアの司教，聖人，A.D.412頃）と，その後ろの月平線上にあるキリルス（聖人，A.D.444）である．この二つのクレーターは非常に大きく（直径約65マイル），ともに側壁には階段状地形がよく発達し，著しい中央峰をもっている．

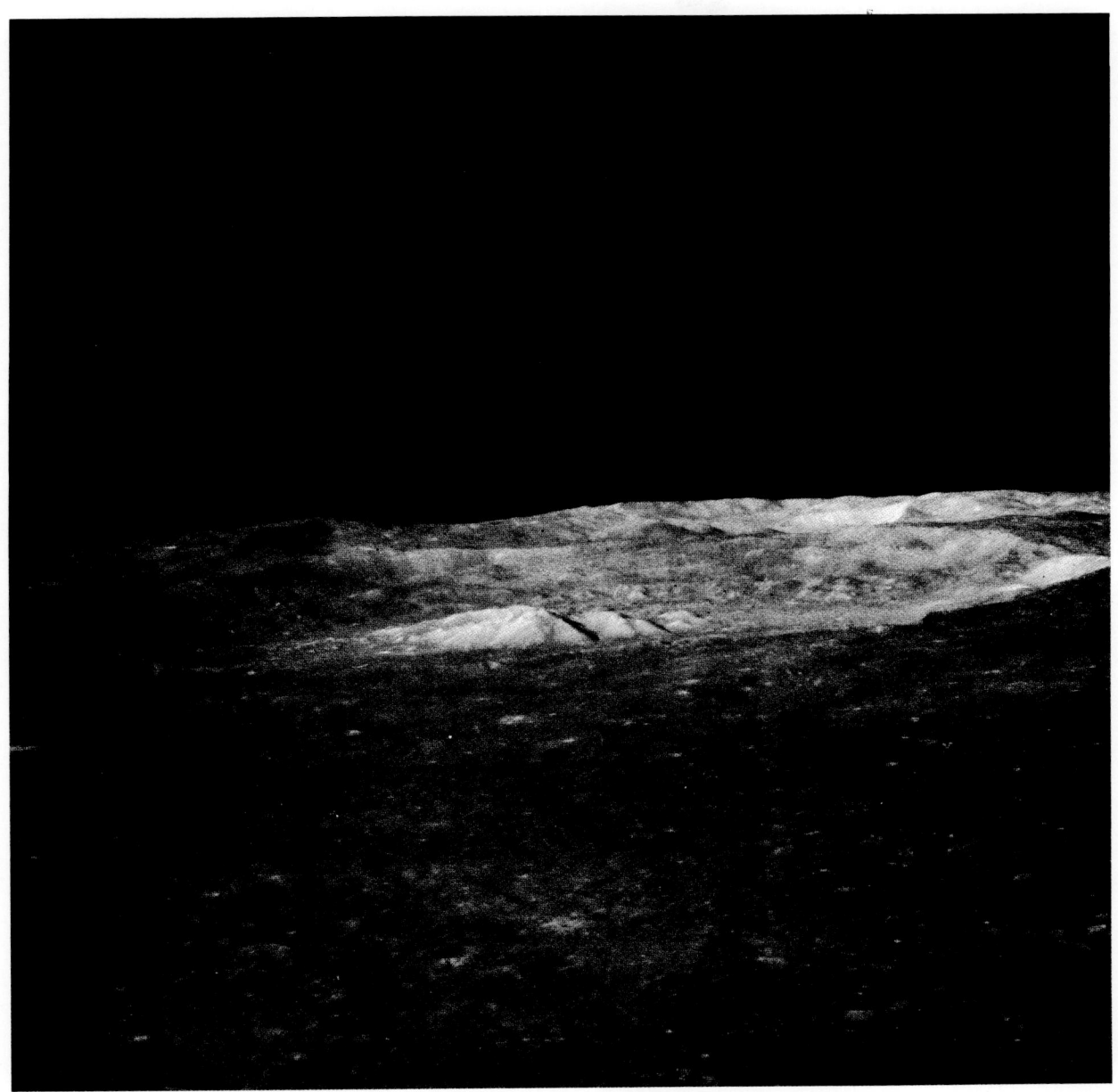

AS10-32-4716

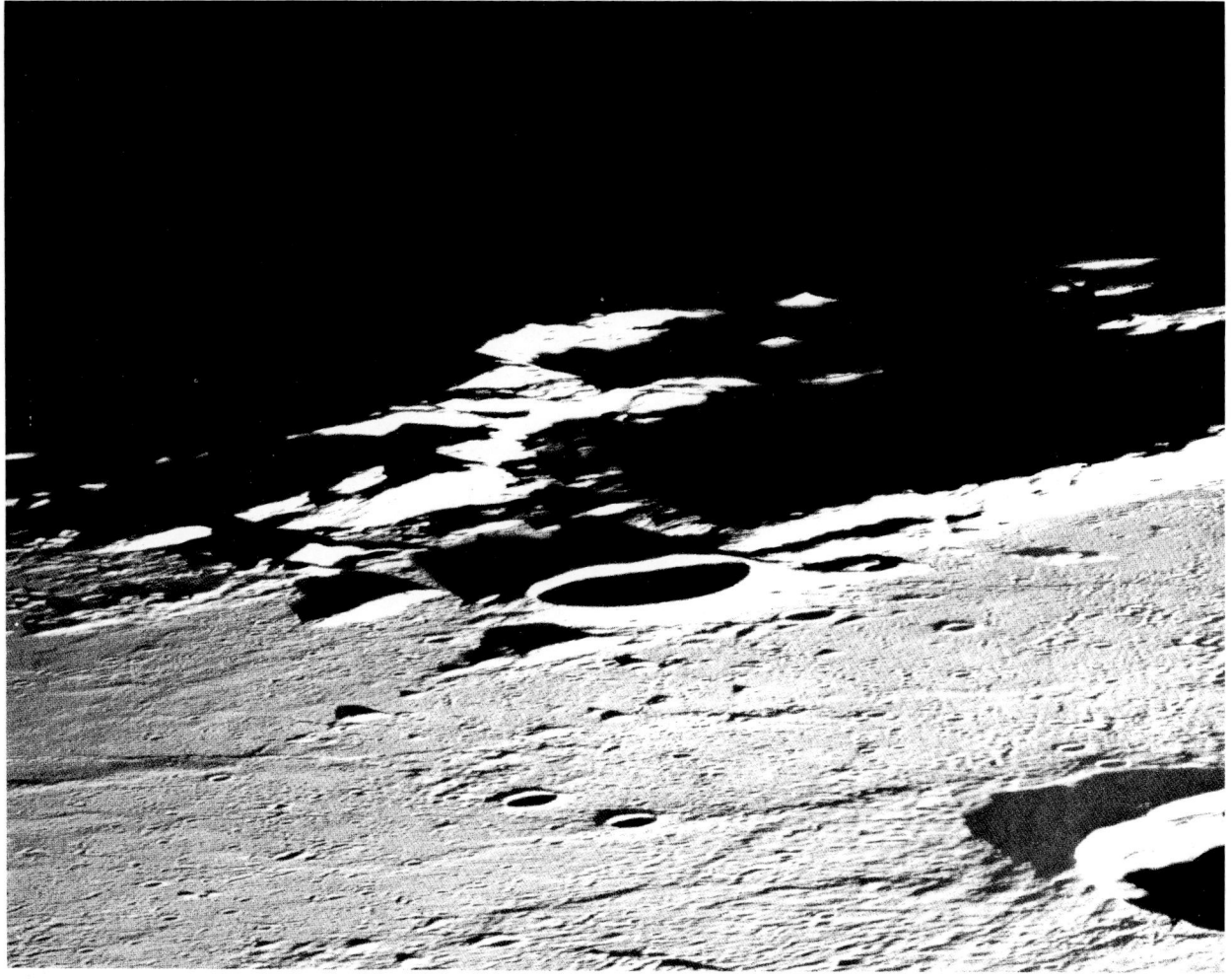

アポロ10号 A S 10-32-4734

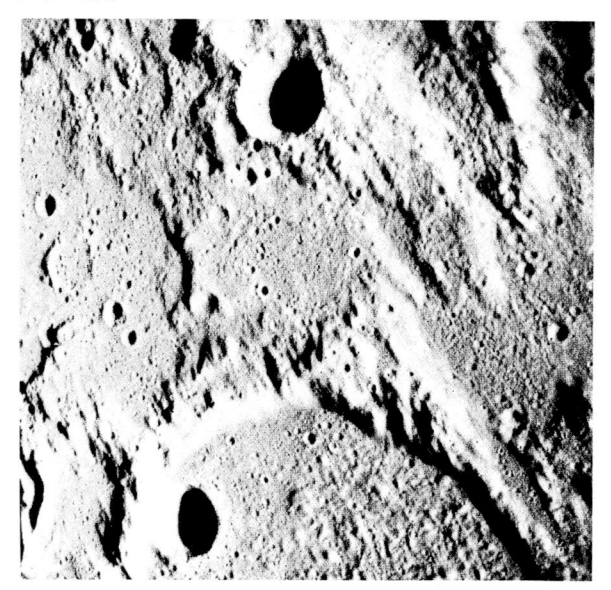

アポロ10号 A S 10-32-4771

上：この斜め写真の中央にうつっているクレーターは，クラドニ（ドイツの物理学者，1756-1827）と呼ばれ，中央の入江にのびる高地の南端に位置している．右側下方に一部分が見えているクレーターはトリースネッカー（オーストリアの天文学者，・1745-1817）という．高地の山脈は低い太陽高度でも光っていて，明暗界線の暗さに対して対照的である．

下：中央の入江と静の海の間にある高地をほぼ垂直に見たこの写真の最下部には，巨大なラーデ・クレーター（ドイツの月面学者，1817-1904にちなむ）の一部がうつっている．ラーデ・クレーター西縁の内側にある小型のクレーターはラーデMと称される．ゴダンBが上方中央に見える．ラーデの縁の上方部分には，小さなクレーターが濃集しているのが見られる．

アポロ10号

AS 10-32-4774

ここに示されているほぼ垂直方向からの景観は、ラーデ・クレーターと中央の入江の間に位置する高地地帯である。この一帯の地形を強調している低い太陽高度のために、小さな無数のクレーターによってあばた状になった月表面が明瞭にあらわされている。こうした景観は、月表面が絶えず隕石によって直撃をうけているという仮説に信憑性をもたせるものである。

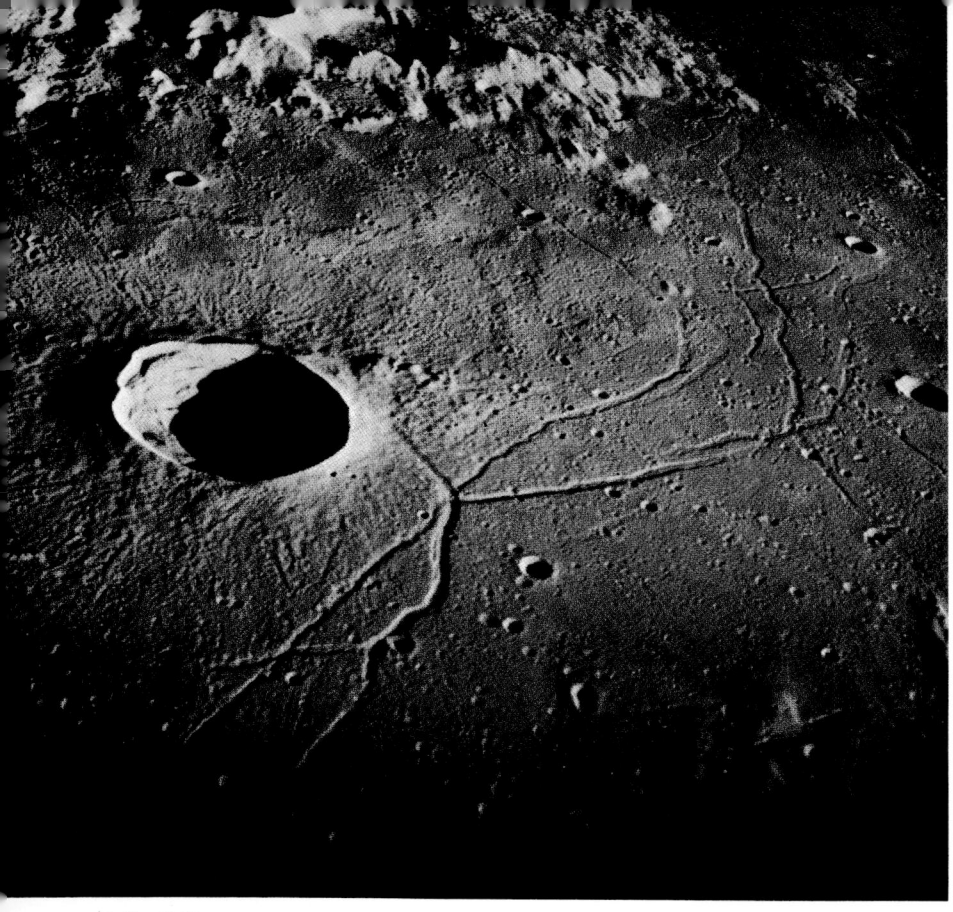

アポロ10号　　　　　　　　　　　　　　　　　　　AS10-32-4819

アポロ10号　　　　　　　　　　　　　　　　　　　AS10-32-4813

上：直径が約17マイルのトリースネッカー・クレーターは，十字形に交差するリルの組み合った網状構造（トリースネッカー・リルと呼ばれる）を伴い，中央の入江の北東部に位置している．この一連の大規模なリルは，中央の入江を越えて画面の右上方に見える湯気の海の平坦な床面にまで達している．トリースネッカーの上に見える高地の端にある大きなクレーターは，ウケルト（ドイツの歴史学者，1780-1851）と称される．

下：ヒギヌス・クレーター（スペインの天文学者，およそA.D.100にちなむ）とその右側にある形のはっきりした Rima Hyginus（ヒギヌス・リル）を伴った中央の入江が，この斜め写真の中心に見える．リルが折れ曲がっている部分にあるヒギヌス・クレーターは，中央の入江の東北縁近くにあり，直径が約6マイルである．ヒギヌス・リルはこのクレーターから東南東方向に静の海に向かってのび，また北西方向には Mare Vaporum（湯気の海）の方へとのびている．このリルの幅は約2マイルで，延長は130マイル以上に達する．中央左手に見えるリル群はトリースネッカー・リル群である．トリースネッカー・クレーターが左中央の画面をはずれたところにある．

アポロ10号　　　　　　　　　　　　　　　　　　　　　　　　　　　　　　　　　ＡＳ10-32-4828

上：この月の裏側の眺めで，右上方にある巨大なクレーターの直径に約65マイルである．このクレーターは，裏面のクレーターの中でもより新しく形成された大型クレーターの典型である．この大きなクレーターの上の，中央峰の左側にあたる所に，輝条をもった一つのクレーターが位置している．画面中央には，床面に奇妙な割れ目模様をもった相接する二つのクレーターが見える．この奇妙な模様は，それらのクレーターが火山作用をこうむったものであることを意味している．

下：低い太陽高度によってできた強い影が，この裏側地域の粗い地形をよく示している．写真上端の大きなクレーターにあるテラス地形は，明らかに階段状の様子を見せている．

アポロ10号　　　　　　　　　　　　　　　　　　　　　　　　　　　　　　　　　ＡＳ10-32-4823

アポロ10号　　　　　　　　　　　　　　　AS 10-32-4856

アポロ10号　　　　　　　　　　　　　　　AS 10-33-4947

上：この中央の入江の斜め写真で，前景にうつっている大きな円構造はレティカス・クレーター（ドイツの数学者，1514-76にちなむ）と呼ばれる．レティカスの右方にある小さなクレーターはレティカスA，右中央に小さいがはっきり見える二つのクレーターはブルース（上方）とブラッグである．この地域の左手にあるリルはオッポルツァーI・リル（オーストリアの天文学者であり物理学者でもあった人，1841-86にちなむ）という．太陽高度が低いので，中央の入江にある無数の小さなクレーターが強調されて，斑点だらけの様相を呈した景観となっている．

下：左上方の輪郭のはっきりしたクレーターはレティカスAと呼ばれ，その直径は約7マイルで小さなリルの上にのっている．左下方にあるレティカス・クレーターは輪郭がかなり不明瞭になっているし，影のために一部分がぼんやりして見える．この写真にうつっている地域は中央の入江の東端部を占めている．

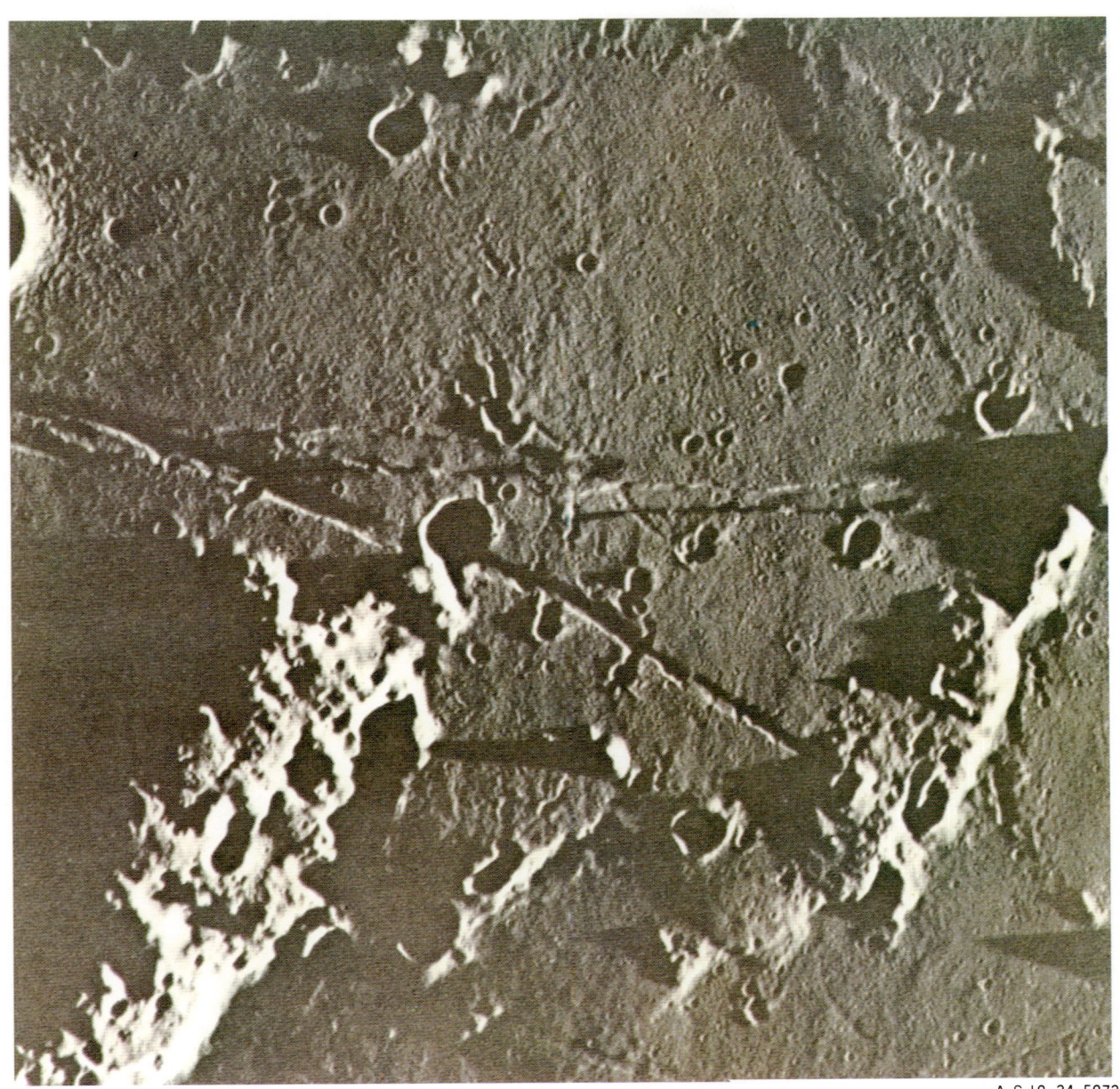

アポロ10号
AS10-34-5073

この写真に示されているのは静の海の南端部の地域である．左上端のクレーター
はモルトケであり，ヒパーティアⅠ・リルが写真を斜めに横切ってのびている．
アポロ11号の着地点はこの地域の北西約15海里のところにある．

アポロ10号　　ＡＳ10-34-5081

東方への張り出しを高所から斜めに写したこの写真は，西北西方向に向かってネーパー・クレーター（スコットランドの数学者，1550-1617にちなむ）をのぞんでいる．スミス海は左下方の隅に見え，ネーパーは上部中央に，そして周辺の海は右上方に位置している．

アポロ10号

これは危の海の一部とそれに隣り合う高地の高い斜め写真である．危の海は写真の右上方に見える暗い海の部分であり，その海の中に認められるもっとも著しい地勢はピカール・クレーター（フランスの天文学者，1620-82による）である．

ＡＳ10-34-5096

アポロ10号　　　　　　　　　　　　　　　　　　　　　　　　　　　　　　　　　　　　　ＡＳ10-34-5099

上：これは，写真の視野の右側中央からはずれた少し上の所にある，静の海の基地への接近路の眺めである．アポロ10号の搭乗員たちは，この写真にうつっている目立った地勢のほとんどすべてに，ニックネーム（コードネーム）を与えている．たとえば，Thud Ridge（サッド・リッジ），The Gashes（裂け目），Faye Ridge（フェイ・リッジ），Diamondback Rille（ダイヤモンドバック・リル），Sidewinder Rille（サイドワインダー・リル）および Last Ridge（ラスト・リッジ）などである．

下：この低い斜め写真は，静の海の基地に近づくときに着陸点の東方約55海里のところから撮影されたものである．この写真では，ダイヤモンドバック・リルが一つの長円形のクレーターとつながっているのがわかる．右方中央にある円形のクレーターは，直径約2マイルのマスクリンXである．

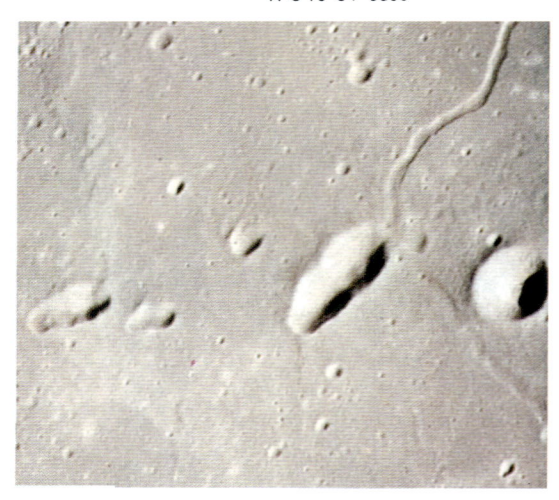

アポロ10号　　　　　　　　　　　　　　　　　　　　　ＡＳ-10-34-5152

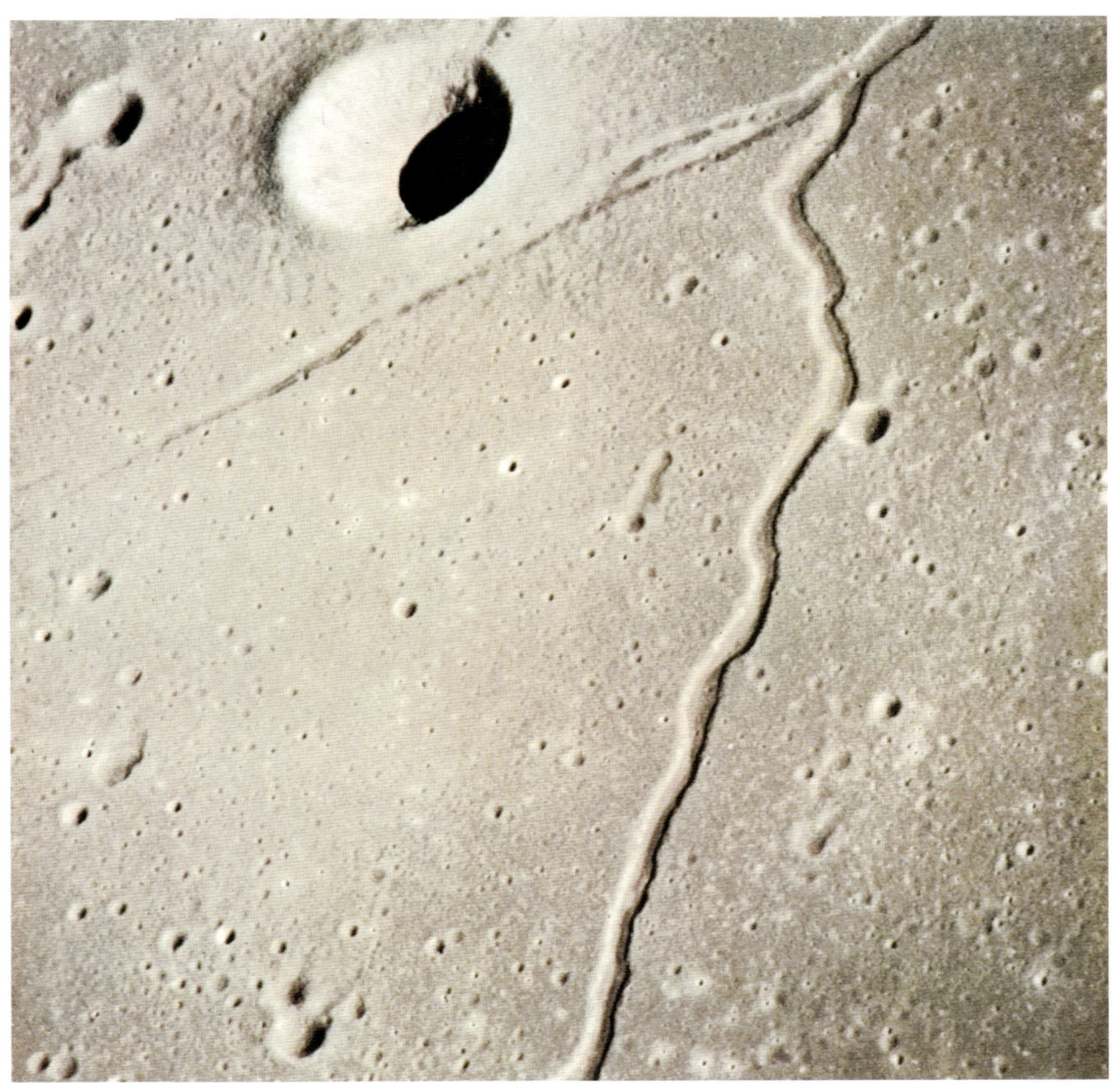

アポロ10号　　　AS 10-34-5153
この写真はダイヤモンドバック・リルの北部の眺めで，リルが二分岐している様子が示されている．左中央上方のクレーターがマスクリンGであり，その左側には足跡形をしたクレーターが認められる．

143

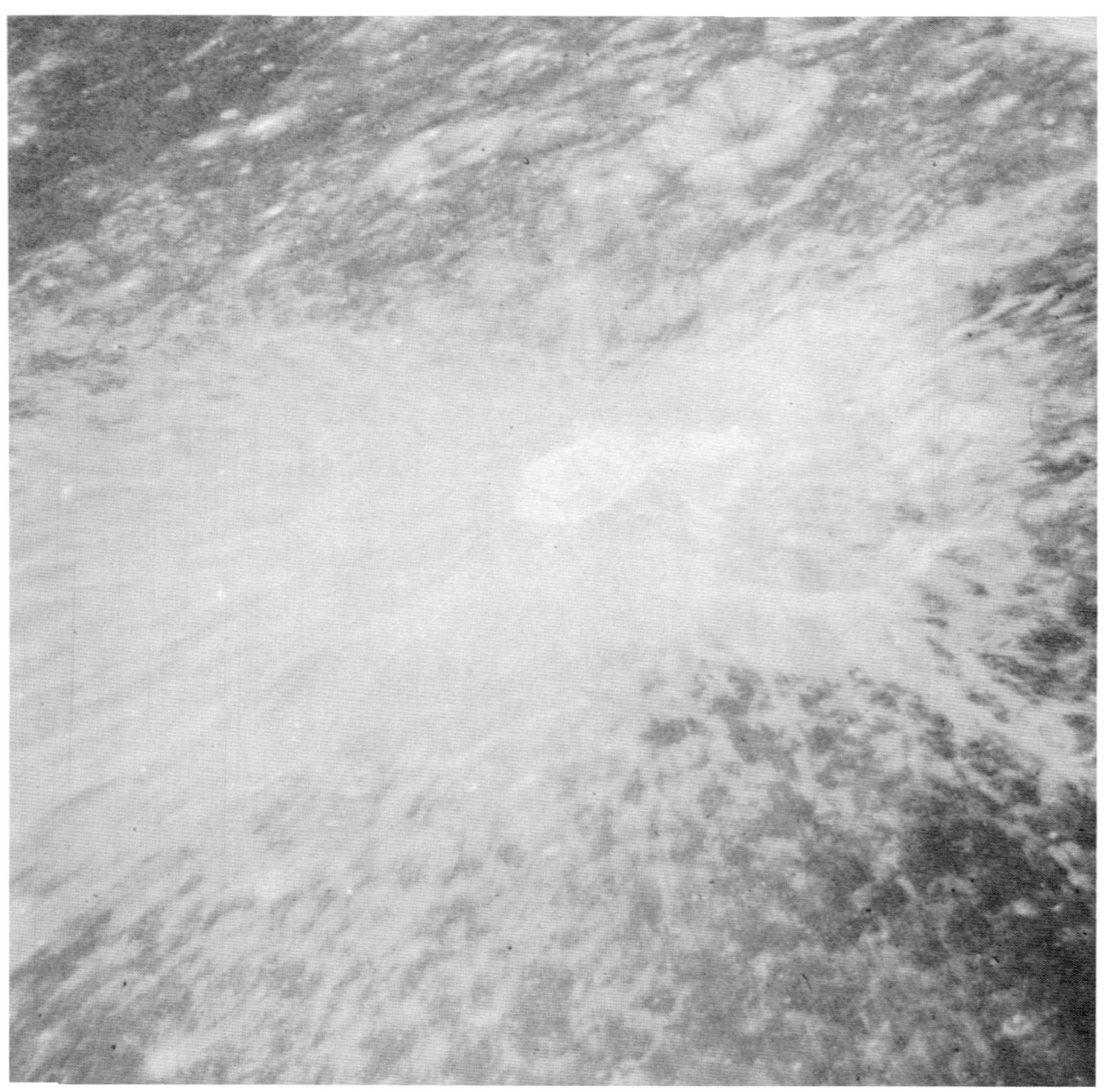

アポロ10号 AS10-34-5129

上：Mare Spumans（泡の海）にあるこのクレーターは，非常に明るい放射状の構造をもっている．このようなよく輝く放射状パターンは，一般に比較的新しく形成されたクレーターに伴うものであると考えられている．

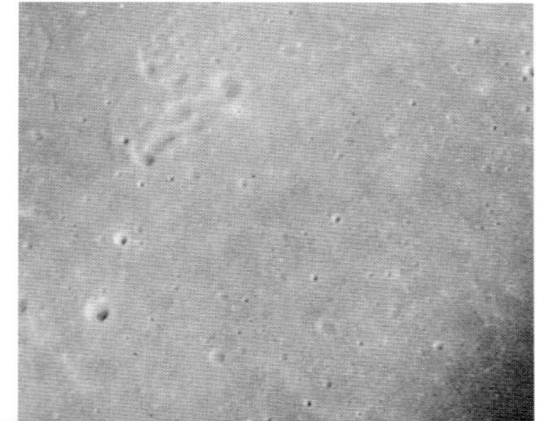

下：静の海の一部分を写した写真で，左側中央にある最大のクレーターは1.25マイルの直径をもち，アポロ計画で予定されている着陸地点の南東13マイルのところにある．このクレーターの縁の上にある小さなクレーターは誘導地標に用いられている．

アポロ10号 AS10-34-5150

アポロ10号　　　　　　　　　　　　　　　　　　　　　　　　　　AS10-34-5136

アポロ10号　　　　　　　　　　　　　　　　　　　　　　　　　　AS10-34-5145

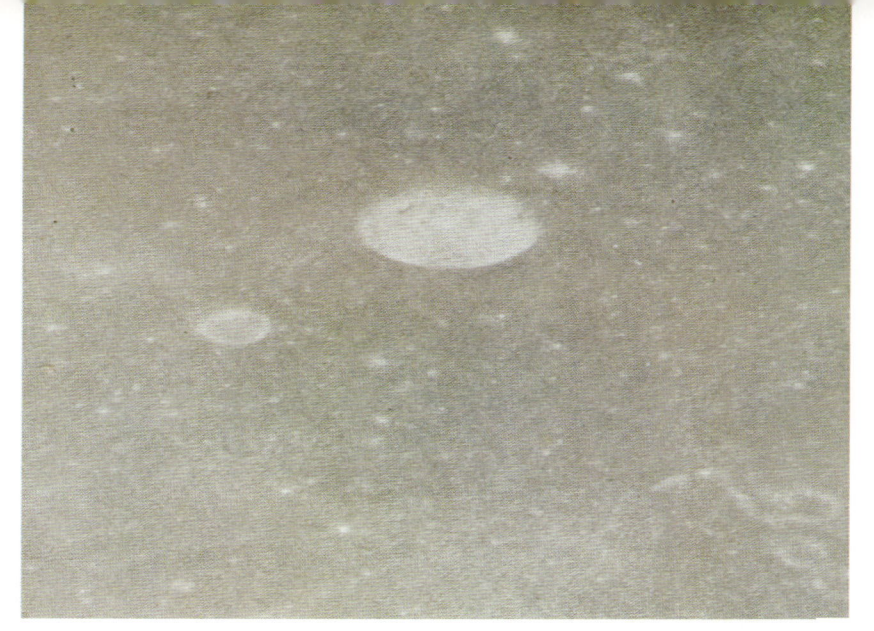

上：豊の海のこの写真で，中央にある大きな明るいクレーターはタルンチウスHという．このクレーターは直径が約8マイルあり，高い太陽高度のもとで非常に輝いて見える．クレーターの斜面では色調の変化が認められる．

下：画面右上方の大きなクレーターはタルンチウスFで，直径が約9マイルあり，静の海の東部に位置している．クレーター壁の構造がはっきり見られる．中央下半部にはいくつかのハンモック状地形が見られる．

アポロ10号　　　　　　　　　　　　　　　　　　　　　　　　　　　ＡＳ10-34-5160

これは静の海の西端にあるリッター・クレーター（ドイツの地理学者，1779-1859にちなむ）で，直径は約18マイルである．リッターの内側の床ははっきりした割れ目状の線構造をみせており，太陽高度が低いためにこれに濃い影がついていっそう強調されて見えている．

アポロ10号 AS10-34-5162

これは静の海の西端にあるシュミット・クレーター（ドイツの月面学者，1825-84にちなむ）で，リッター・クレーターの南，サビーン・クレーターの西に位置し，直径は約10マイルである．シュミットの構造でもっとも注目すべきものは，シャープな縁や輝条のパターン，かなり凹凸のある床部，周囲のハンモック状の地形などである．クレーターの床部や周辺には，この程度の縮尺と精度の写真で容易に解像できる多数の岩塊が見える．このような岩塊の大部分は，大きさが68ないし122メートルである．

アポロ10号

AS10-34-5167

この写真には，静の海と中央の入江の間にある高地の一部が示されている．中央右寄りにあるクレーターは，ゴダンDと呼ばれる．低い太陽高度のせいで，この高地部分の凹凸に富む地形がはっきりと見られる．

アポロ10号

月の裏側の写真に見られるこの巨大なクレーターの直径は、約100マイルである。
階段状地形と際立った中央峰がはっきり見える。暗い空と対照的な月面の起伏に
よって、周辺地域の峻しさがわかる。

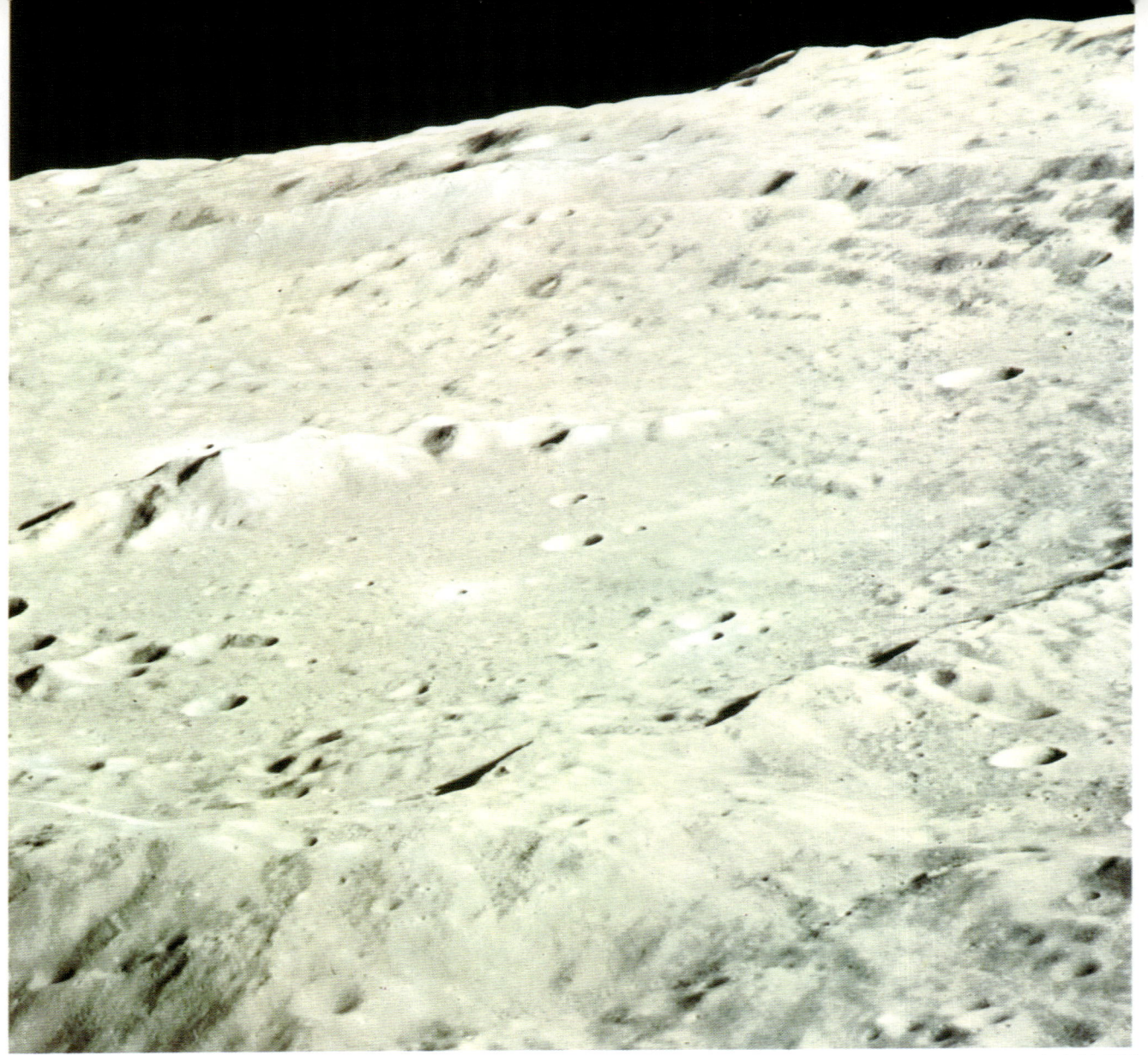

AS10-34-5171

アポロ10号　　　　　　　　　　　　　　　　　　　　　　　　　　　　　　　　　AS 10-34-5172

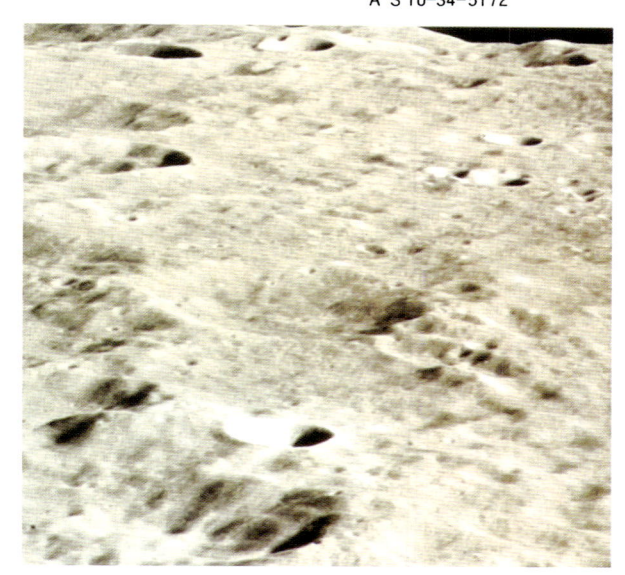

上：月の裏側を写したこの斜め写真で，中央にある急傾斜の内壁をもったシャープな輪郭のクレーターは，直径が約12マイルである．クレーターを取り囲む外側斜面の上には，おそらく放出物であろうと思われる岩片が見えている．この急壁をもつクレーターの上方には，これより大型の，いっそう解析の進んだクレーターがある．

下：月の裏側のこの斜め写真には，数個のはっきりした明るいクレーターが点在している．この写真は，月面の凹凸のはげしい地域を示す代表的なものである．

アポロ10号　　　　　　　　　　　　　　　　AS 10-34-5173

150

アポロ11号

AS11-44-6581

アポロ11号の月着陸船イーグル号が，司令船から切り離された状態で示されている．切り離しは，月面への降下の準備として行われた．足台から突き出た棒は接地の際の触手で，これが月面に接触すると自動的に下降エンジンを止めるようになっている．

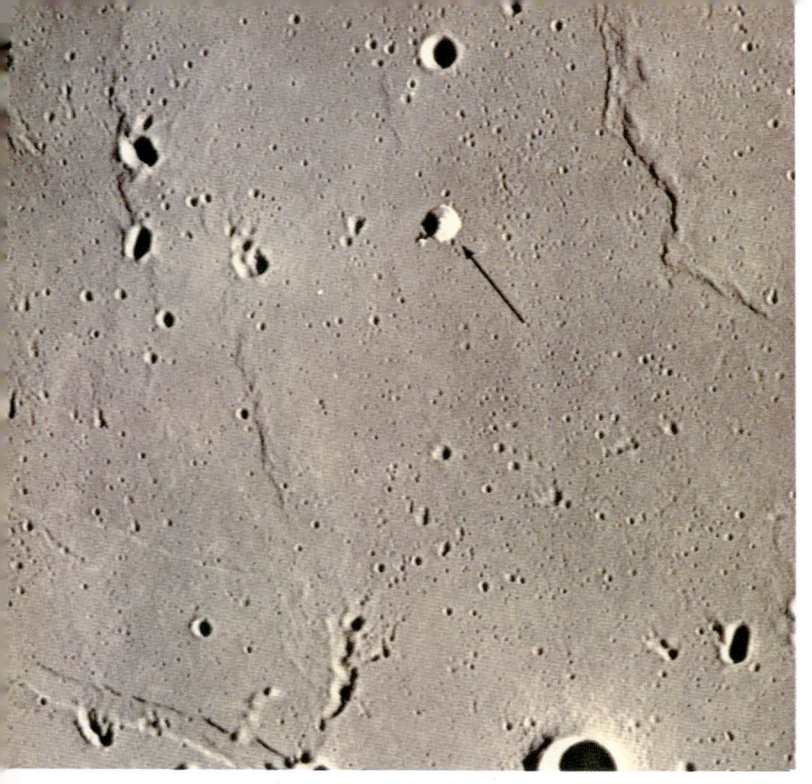

アポロ11号　　　　　　　　　　　　　　　　　AS11-37-5447

アポロ11号　　　　　　　　　　　　　　　　　AS11-37-5448

上：この写真では，中央のすぐ右にある司令船は，静の海の表面を示す背景の中にほとんど溶けこんでしまっている．右下方にある大きなクレーターがモルトケで，ヒパーティアI・リルはこの写真の左下隅の地域を横切っている．

下：この写真では，司令船はシュミット・クレーター（上部中央）の南東の縁にある．サビーン・クレーター（右上方）やリッター・クレーター（画面上方で，サビーンの左側）の一部も見える．月面構造のほとんどすべての範囲のもの，すなわちなだらかな海，凹凸に富む高地，大小のクレーター，くっきりと境界の見える細長いリルなどを，この写真で見ることができる．

AS11-37-5437

アポロ11号

この西向きの低い斜め写真のほぼ中心，明暗界線の所に静の海の基地がある．右下方の前景にある大きいクレーターはマスクリンで，すぐ上にマスクリンBを伴っている．画面の左側に見える月着陸船のスラスターノズルの影の上方にあるクレーターは，トリチェリーC（イタリアの物理学者，1608-47にちなむ）であり，画面中央付近，明暗界線近くのヒパーティア・リルのすぐ右にはモルトケがある．

アポロ11号　　　　　　　　　　　　　　　　　　　　　　　　　ＡＳ１１-37-5456

上：この写真は，アポロ11号の飛行士たちが船外活動を開始する前に撮影されたものである．この地域一帯は，数多くの小さなクレーターのためにあばた状になっていて，無数の岩塊があちらこちらに散在している．月表の粗粒状の構造に注意．

下：静の海の基地から南西を見ると，月表面は低い太陽高度においてさえ，かなりなめらかに見える．この大きなクレーターも，古いクレーターの群れを伴ったゆるやかな周縁と，なめらかなうねりとをもっている．しかし，ここに見えているごく小さいクレーターのいくつかは，小さな礫におおわれた急傾斜の壁面に囲まれており，このような構造からみて，おそらくもっと最近に生じたクレーターなのであろう．

アポロ11号　　　　　　　　　　　　　　　　　　　　　　　　　ＡＳ１１-37-5459

アポロ11号

前景にアメリカ合衆国の国旗が見える。国旗を止めてあるささえは少し曲げてあって,旗がそよ風でひるがえっているような感じにしてある。背景の中央には台上にセットされたTVカメラがある。接続ケーブルが前景の中央に見える。国旗やTVカメラのまわりの月面は,月に初めて降り立った人類の足跡で乱れてしまっているが,宇宙飛行士たちのブーツの裏のすべり止めの形が実にはっきりとしるされている。

AS11-37-5517

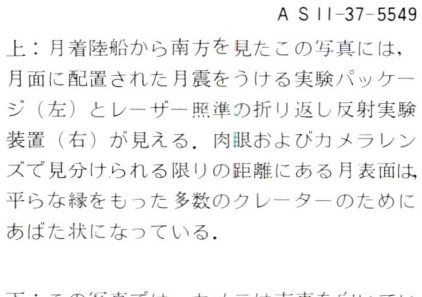

アポロ11号 AS11-37-5549

上：月着陸船から南方を見たこの写真には、月面に配置された月震をうける実験パッケージ（左）とレーザー照準の折り返し反射実験装置（右）が見える．肉眼およびカメラレンズで見分けられる限りの距離にある月表面は、平らな縁をもった多数のクレーターのためにあばた状になっている．

下：この写真では、カメラは南東を向いていて、月着陸船の一部が背景の月面に対してくっきりと浮き出して見える．着陸船の4本の足のうちの3本には金属製の細い切り離し用探針がついていて、それらは着地の際月表に突き刺さった．その探針の一つが月着陸船の足のすぐ後方に埋まっているのが見える．前面にあるバッグは、着陸船と月面との間で器具のやり取りをする際に用いられたものである．

アポロ11号 AS11-40-5850

上：宇宙飛行士エドウィンE.(Buzz)オルドリン，ジュニアが，月着陸船の梯子を伝って初めて月面に降り立とうとしている。

下：宇宙飛行士オルドリンがアメリカ合衆国国旗のそばに立つ．足跡とＴＶカメラ用のケーブルが前面に見える．

アポロ11号　　　　　　　　　　　　ＡＳ11-40-5875　　アポロ11号　　　　　　　　　　　　ＡＳ11-40-5868

アポロ11号　　　　　　　　　　　　　　　　　　　　　　　　ＡＳ11-40-5880

アポロ11号　　　　　　　　　　　　　　　　　　　　　　　　ＡＳ11-40-5877

上：宇宙飛行士のブーツのすべり止めが描いた，このほとんど完全な外形を見ると，月の土壌が非常にきめの細かいものであることがわかる．もし，もう少し粗い物質であれば，このようなディテールを見ることはできなかったであろう．

下：この上方からの眺めは，月表面の詳しい断面と人の重みによる圧縮の程度とを示している．

アポロ11号　　ＡＳ１１-40-5885

上：中央から右の方にTVカメラがあり，月面での人類最初の活動を終始ひとりで見守っている．宇宙飛行士たちによって造られた通り道は月表面の一部を露出し，まわりの乱されていない地域よりも暗く見える．

下：この眺めは，120フィートの直径をもつクレーターの縁の一部を越えて南を見たものである．このクレーターの内側の斜面は，岩や礫塊で一面におおわれている．月面の影が非常に濃いことは，この写真の前景にあるクレーター縁によって投げかけられている影からよくわかる．

アポロ11号　　ＡＳ１１-40-5890

アポロ11号　　　　　　　　　　　　　　　　　　　　　　　　　　　　　　　　　　　　　　ＡＳ１１-40-5902

宇宙飛行士オルドリンが，静の海の基地で月着陸船を見て立っている．着陸船の脚当てにそれほどの押し型が見られないことから，表面全体としての固さが明らかである．引きずった足跡の方からは，月面土壌の粒子のきめがきわめて細かいことがわかる．

アポロ11号　　　　　　　　　　　　　　　　　　　　　　　　　　　　　　　　　　　　　ＡＳ11-40-5903
宇宙飛行士オルドリンを撮影している宇宙飛行士ニール・アームストロングの姿
が，オルドリンのヘルメットおおいにはっきりと反射しているのが見える．アー
ムストロング飛行士，月着陸船，そしてオルドリンのつくる影が，反射して映し
出されている．

アポロ11号 AS11-40-5921

上：この写真は降下エンジンノズル（中央上方）の真下の月面を示している．この部分では固結していないぼろぼろの物質は，エンジンの排気によって掃き清められてしまっている．排気の中心に当たる所から外に向かって出ている小さな放射状の線条は，飛ばされた月面物質によって刻まれた飛跡を示している．

下：小規模の岩石群が画面の中央付近に見えているが，なめらかなものもあり，鋭くとがったものもある．台上に設置されたTVカメラと，それから月着陸船へ張られた電力ケーブルとが背景にうつっている．画面の右上方，月平線上にはクレーターが一つ見えている．

アポロ11号 AS11-40-5907

アポロ11号　　　　　　　　　　　　　　　　　　　　　　　　　　　　　　ＡＳ11-40-5926

上：月着陸船の脚当てによって乱された固結のゆるい月面物質が，脚当ての左側に沿って盛り上がっているのが見える．脚当ての月表への沈み込みは，ごくわずかであるように見える．月着陸船のこの部分や他の部分を包んでいる金箔は，宇宙船を過度の熱から保護するために設けられた熱防御壁である．

下：この写真は，月震計とレーザー照準の折り返し装置とが降下台上の格納室から引き出されたところを示している．これらは早期アポロ科学実験パッケージ(EASEP)の一部で，月面に展開設置され，月表環境に関するデータを地球に向かって送信しようというのである．

アポロ11号　　　　　　　　　　　　　　　　　　　　　　　　　　　　　　ＡＳ11-40-5927

上：オルドリン飛行士が，月震計とレーザー照準折り返し反射実験装置を展開設置しようとする過程を示す写真である．この地域には岩塊が散在していて，大きなクレーターもいくつかある．右側には，オルドリンが実験機器を運ぶときにつけた足跡がある．これらの足跡が，他の写真において見られるよりも深く入り込んでいるのは，おそらく機器類の重みが加わったからであろう．

下：画面前方にある二つの大きな岩石の間のやや単調な破面は，それらが以前には一つの巨大な岩塊であったということを暗示している．背景には1個の小さなクレーターがあり，足跡がそのまわりについている．そして中央の左端には，月標本の採取地点を撮影するのに用いられたステレオカメラがある．

アポロ11号　　　　　　　　　　　　　　　　AS11-40-5944

アポロ11号　　　　　　　　　　　　　　　　AS11-40-5932

アポロ11号
オルドリン飛行士が，月震計とレーザー照準の折り返し反射装置とを展開設置しているところ．

ＡＳ１１-40-5945

アポロ11号

AS11-40-5949

アポロ11号の船外活動中にアームストロング船長が撮影した、月面に展開された初期のアポロ科学実験パッケージ。オルドリン月着陸船操縦士が月の地震実験パッケージを展開中である。左側後方には、すでに展開されたレーザー光線反射板が見られる。中央後方は月着陸船で、その近くには米国国旗が立てられている。左側のずっと後方には、白黒の月面テレビカメラが展開されている。この写真は70mm月面カメラで撮影された。

アポロ月面実験パッケージ（ALSEP）のコールド・カソード・イオンゲージ．月面大気の密度を示し，月の位相あるいは太陽活動の変化に伴う粒子密度の変化を検出する．

　ALSEP 月電離層検出器──この実験は月面におけるプラスイオンの特性を測定する．他の粒子実験と異なり，月の大気および太陽風の低エネルギー領域についての情報を与えることができ，また月面付近の電場の効果も観測される．

上：静の基地の様子を示す写真で，科学探査機器の配置状態がわかる．ＴＶカメラ，アメリカ合衆国国旗，レーザー照準反射装置，それにステレオカメラが左から右へと並んでいる．月震計が手前に見える．

下：オルドリン飛行士が，月震感受装置のパッケージについている太陽板を広げている．レーザー照準折り返し反射装置はすでに後方に据えつけられている．レーザー装置の右方，月着陸船の前方に，ステレオカメラがある．地平線上の中央よりすぐ左にＴＶカメラも見えている．

アポロ11号　　　　　　　　　　ＡＳ11-40-5950

アポロ11号　　　　　　　　　　　　　　　　　　　　　　ＡＳ11-40-5947

アポロ11号

レーザー照準の折り返し反射装置の近写．この実験の目的は，地球からきたレーザービームを反射器で方向づけ，地球へと送り返すことにある．この実験から得られたデータを使うと，地球と月の間の距離をいっそう正確に決めることができる．

AS11-40-5952

アポロ11号　　　　　　　　　　　　　　　　　　　　　　　　　　　　　　　ＡＳ11-40-5956

上：120フィートの直径をもつクレーターの中央部を写したこの写真では，礫や大きな岩屑が集まっているのがよくわかる．これはおそらく，クレーターの形成過程において噴出によって生じたものではないと考えられる．

下：120フィートの直径をもつクレーターの西部を見たこの写真では，クレーター縁の端の左中央部にかなり大きな1個のクレーターが見えている．これとは別の相当大きい2個のクレーターもうつっていて，その一つは画面中央上部のクレーター縁のすぐ内側にあり，他の一つは縁の外側の左上方にある．前景に見えるのはステレオカメラである．

アポロ11号　　　　　　　　　　　　　　　　　　　　　　　　　　　　　　　ＡＳ11-40-5958

アポロ11号

これは，オルドリン飛行士がコアサンプル採取用のチューブを月表面に打ち込んでいるところである．コアサンプル用チューブの横に見えるのは，太陽風をうけるフォイルパネルを支えるためのマストである．ＴＶカメラが左上方に見える．

AS11-40-5963

アポロ11号　　　　　　　　　　　　　　　　　　　　　　　　　　　　ＡＳ１１-40-5899

　　月に残してきた記念の額板．それには，アポロ11号の宇宙飛行士たちが"全
　人類を代表して平和裡にここに来た"と宣言されている．

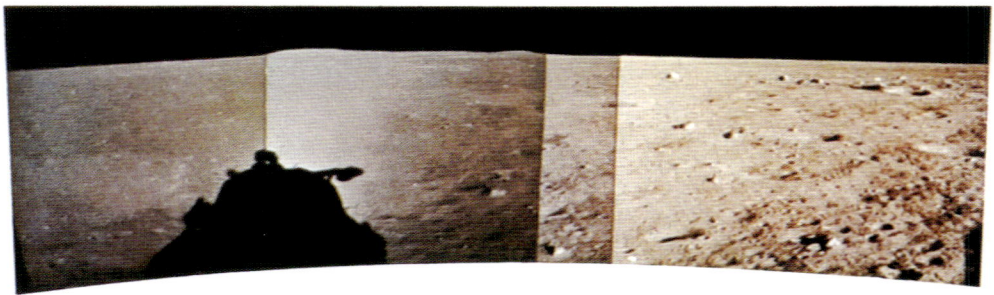

アポロ11号　　　　　　　　　　　　　　　　　　　　　　　　　　　　パノラマＡ

　　このパノラマ写真は月着陸船上から，船外活動を始める前に写されたもの．

アポロ11号

　　このパノラマ写真は，歴史的な"月面歩行"のあと着陸船上から写されたもの．　　パノラマＡ

アポロ11号 　　　　　　　　　　　　　　　　　　　　　　　　　　　　　　　　　　パノラマB

これは月面上から東方を眺めたパノラマ写真である．

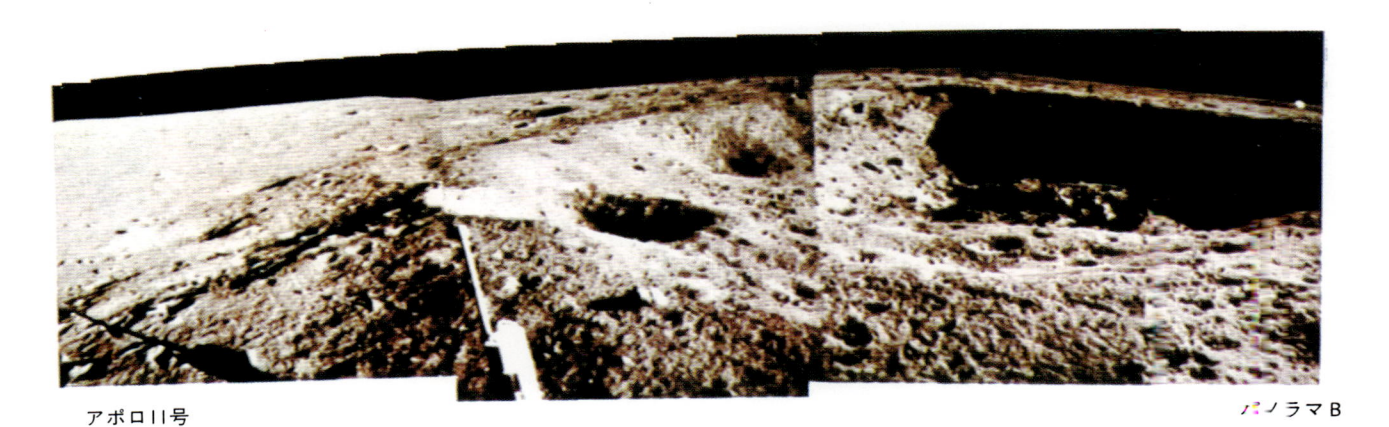

アポロ11号 　　　　　　　　　　　　　　　　　　　　　　　　　　　　　　　　　　パノラマB

月面上で撮影されたこのパノラマ写真には，月着陸船の東約20フィートのところにある大きなクレーターがうつっている．

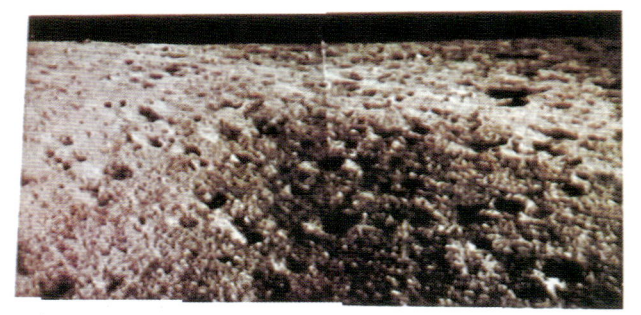

アポロ11号　　　　　　　　　　　　　　パノラマC
月面上から北西を見たパノラマ写真.

アポロ11号　　　　　　　　　　　　　　パノラマC
同じく月面上から北を見たパノラマ写真.

アポロ11号　　　　　パノラマC
月面上から南を見わたしたパノラマ写真.

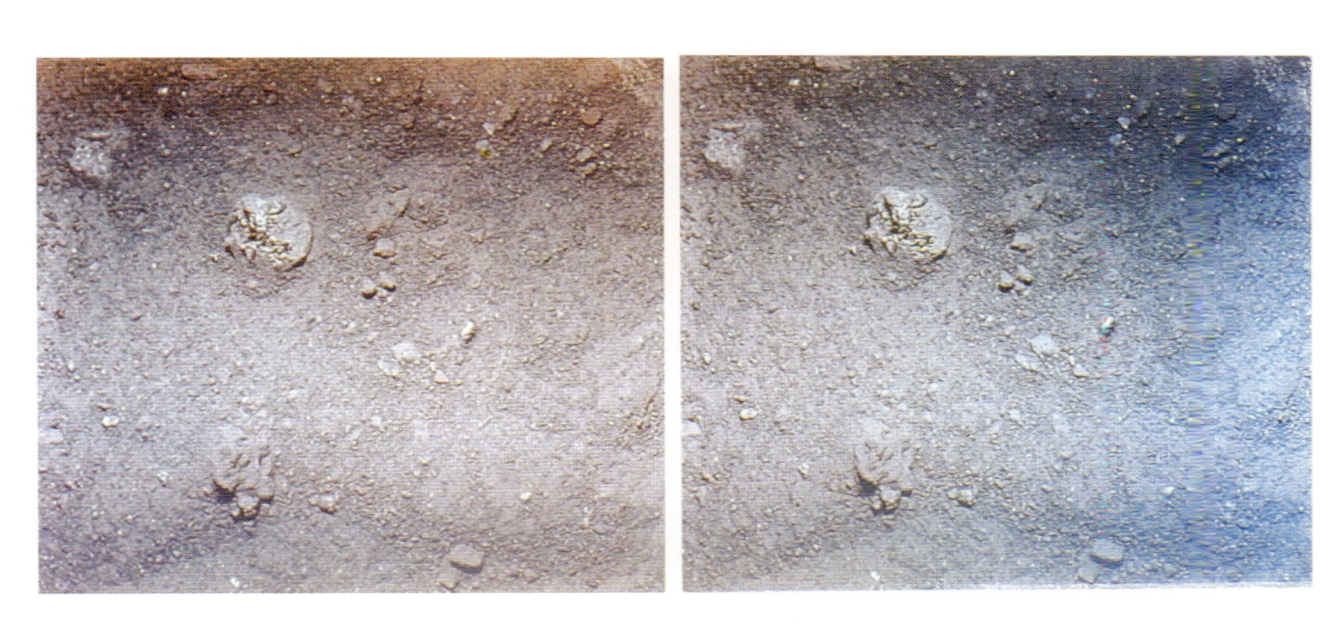

月面物質のステレオ・クローズアップ写真：アポロ11号によるステレオ写真で、種々の色の、さまざまな小片をもつ月表面物質の塊を示している。たくさんの、小さい、光沢のある丸い粒子が見られる。写真は3インチ四方を示している。

上：司令船コロンビア号とのランデブーを目ざして上昇してくる月着陸船イーグル号．

下：月への人類最初の着陸に成功したあと，コロンビア号とのドッキングを行おうとしているイーグル号．

アポロ11号　　　　　　　　　　　　　　　ＡＳ11-44-6623

アポロ11号　　　　　　　　　　　　　　　ＡＳ11-44-6643

付録　写真索引

写真番号	位置		焦点距離(mm)	太陽の高さ			写真番号	位置		焦点距離(mm)	太陽の高さ		
	経度	緯度		高い	中間	低い		経度	緯度		高い	中間	低い
AS 8-12-2052	157 W	5 S	80			X	2736	127 E	12 S	80	X		
2148	106 E	10 S	80	X			2748	110 E	10 S	80	X		
2169	90 E	8 S	80	X			2776	93 E	9 S	80	X		
2189	72 E	26 S	80		X		2785	81 E	9 S	80	X		
2192	100 E	40 S	250		X		2814			80			X
2193	90 E	27 S	250	X			AS10-27-3873	85 E	0	250	X		
2196	130 E	21 S	250	X			3905	4 E	1 N	250			X
2203	68 E	9 S	250		X		3907	1 E	1 N	250			X
2209	100 E	24 N	250	X		X	3915	88 E	3 S	250	X		
AS 8-13-2220	49 E	12 S	80			X	3929			250			
2225	45 E	11 S	80			X	3955			250			
2228	38 E	6 S	80			X	AS10-28-4012	123 E	5 S	250	X		
2243	35 E	15 S	80			X	4013	124 E	3 S	250	X		
2269	79 E	18 S	80		X		4035	37 E	0	80		X	
2271	40 E	4 N	80			X	4040	32 E	0	80		X	
2279	35 E	4 N	80			X	4052	26 E	1 N	80		X	
2314	150 W	12 S	80			X	4067	172 E	0	80	X		
2344	On horizon		80			X	4106	133 W	1 N	80	X		
2347	In space		80			X	AS10-29-4180	149 E	7 S	80		X	
AS 8-14-2383			250	X			4183	142 E	2 N	80	X		
2399	155 W	3 S	250			X	4189	139 E	2 N	80	X		
2401	156 W	3 S	250			X	4205	119 E	0	80	X		
2409	162 W	4 S	250			X	4224	100 E	3 N	80	X		
2410	163 W	6 S	250			X	4226	97 E	1 N	80	X		
2412	165 W	7 S	250			X	4230	81 E	1 S	80	X		
AS 8-14-2420	175 W	10 S	250		X		4253	48 E	1 S	80		X	
2423	180 W	8 S	250		X		4256	47 E	3 S	80		X	
2433	161 E	10 S	250		X		4261	45 E	0	80		X	
2439	150 E	12 S	250	X			4265	42 E	0	80		X	
2442	137 E	12 S	250	X			4276	38 E	0	80		X	
2451	128 E	21 S	250	X			4312	25 E	0	80		X	
2453	113 E	12 S	250	X			AS10-29-4324	24 E	0	80		X	
2485			250				AS10-20-4356	119 E	4 N	250		X	
AS 8-16-2616	61 E	9 S	250		X		4371	107 E	0	250		X	
AS 8-17-2664	157 W	4 S	80			X	4372	100 E	4 N	250		X	
2670	162 W	7 S	80			X	4426	50 E	7 N	250	X		
2673	166 W	6 S	80			X	4450	17 E	5 N	250		X	
2676	170 W	0	80			X	AS10-31-4506	56 E	2 N	80	X		
2697	170 E	11 S	80		X		4512	50 E	1 N	80	X		
2704	164 E	10 S	80		X		4521	40 E	1 N	80		X	

178

写真番号	位置 経度	位置 緯度	焦点距離(mm)	太陽の高さ 高い	太陽の高さ 中間	太陽の高さ 低い	写真番号	位置 経度	位置 緯度	焦点距離(mm)	太陽の高さ 高い	太陽の高さ 中間	太陽の高さ 低い
4528	33E	2N	80	X			5172	158E	6S	80		X	
4546	16E	0	80			X	5173	157E	9S	80		X	
4566	46E	6N	250	X			AS11-37-5437	24E	0	80			X
4580	35E	4N	250	X			5447	23E	0	80			X
4601	24E	1S	250	X			5448	18E	0	80			X
4621	22E	0	250	X			5456			80			X
4630	22E	6N	250	X			5459			80			X
4646	13E	7N	250		X		5517			80			
4647	11E	2N	250		X		5549			80			
4654	164E	10N	250		X		AS11-38-5602	47E	2S	80			X
4665	143E	7N	250	X			AS11-40-5850			60			
4673	140E	7N	250	X			5868			60			
AS10-32-4716	25E	12S	250		X		5875			60			
4734	1E	4N	250		X		5877			60			
4771	10E	0	80	X			5880			60			
4774	8E	0	80			X	5885			60			
4813	5E	8N	80			X	5890			60			
4819	4E	5N	80			X	5899			60			
AS10-32-4823	162E	10S	80			X	5902			60			
4828	146E	4S	80	X			5903			60			
4856	2E	0	80			X	5907			60			
AS10-33-4914	139E	7N	250	X			5921			60			
4947	6E	1N	80			X	AS11-40-5926			60			
4975	139E	6S	250	X			5927			60			
4999	82E	1S	250	X			5932			60			
AS10-34-5014	In Space		80				5944			60			
5073	24E	1S	80			X	5945			60			
5081	85E	4N	80	X			5947			60			
5096	50E	11N	80		X		5950			60			
5099	27E	1N	80	X			5952			60			
5129	64E	1N	250	X			5956			60			
5136	50E	0	250	X			5958			60			
5145	40E	3N	250	X			5563			60			
5150	35E	2N	250		X		AS11-44-6681			80			
5152	27E	1N	250		X		6623			80			
5153	27E	1N	250		X		6643			80			
5160	19E	2N	250			X	Panorama A						
5162	20E	1N	250			X	Panorama B						
5167	8E	2N	250			X	Panorama C						
5171	161E	5S	80		X								

III.
アポロ 12 〜 17 号

2回目の月着陸においては，これらの幻想的な写真が撮られた．チャールズ・コンラッド船長とアラン・ビーン月着陸船操縦士は，2回の船外活動の間に月の表面を歩行した．そして自分たちの着陸地点，嵐の海，月面実験パッケージ（ALSEP），月着陸船，さらに約2年半前に軟着陸したサーベイヤー3号の写真をとった．

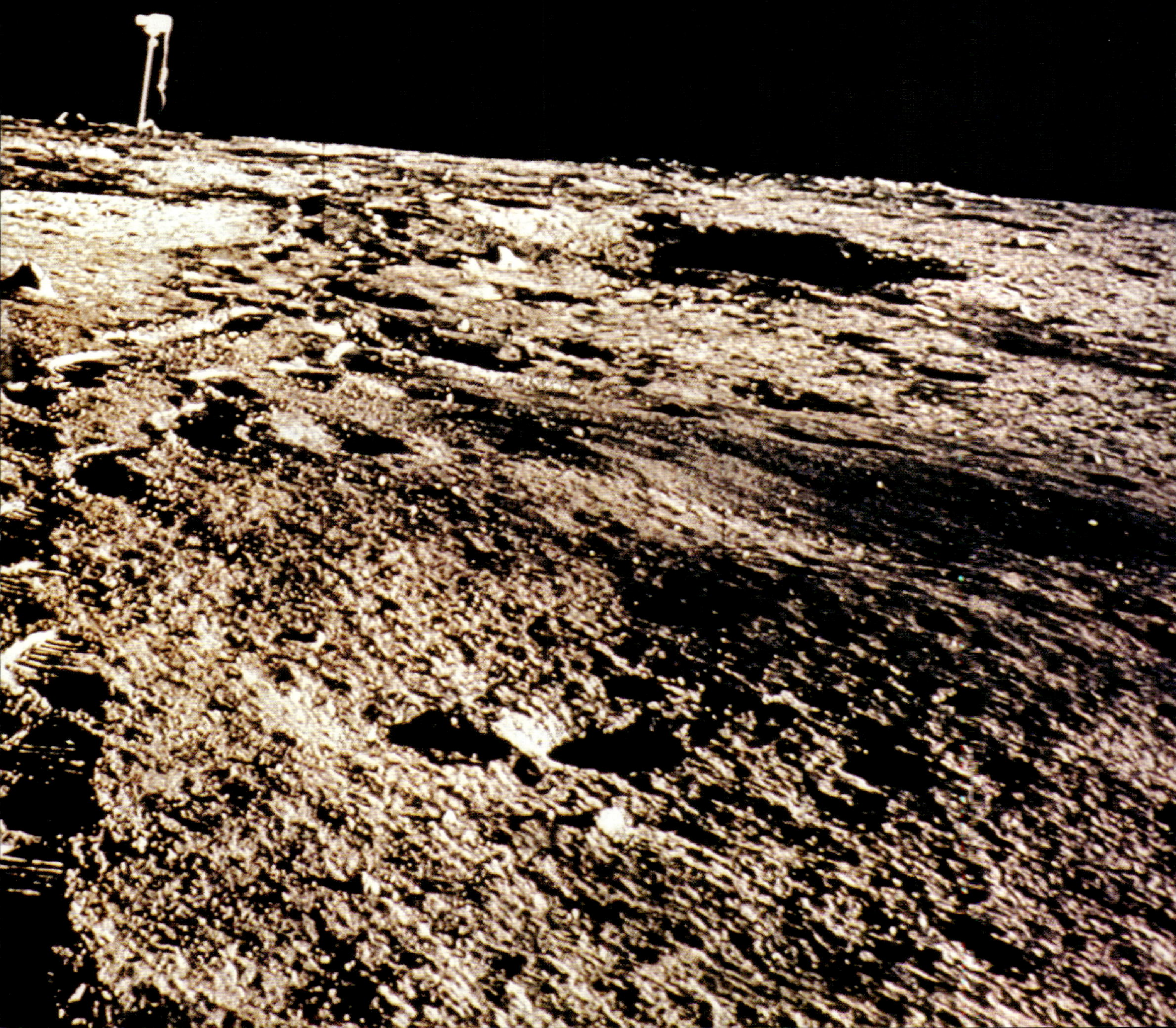

184

月の岩石のクローズアップ写真

将来の着陸予定地点であるラランデ・クレーター．アポロ12号の司令船操縦士リチャード・ゴードンが月周回軌道上から撮影した．チャールズ・コンラッド船長とアラン・ビーン月着陸船操縦士の2人は月面に着陸した月着陸船にいる．

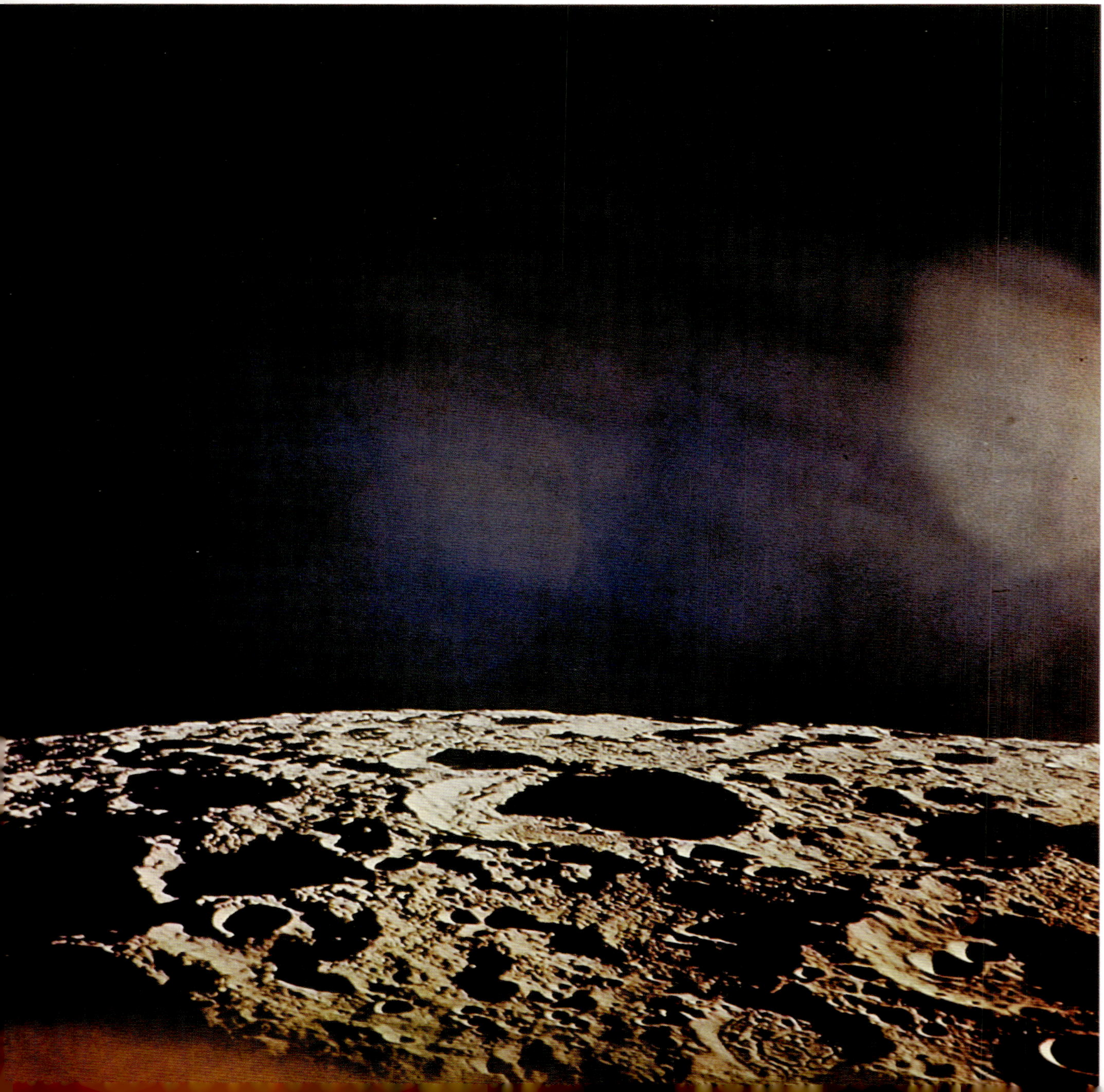

東経140度，南緯10度の裏側にあるクレーターNo. 302．アポロ12号の司令船操縦士リチャード・ゴードンが月周回軌道上から撮影したものである．チャールズ・コンラッド船長とアラン・ビーン月着陸船操縦士の2人は月面に着陸した月着陸船にいる．

月面裏側を斜めに見たもので，アポロ13号が地球へ帰る飛行中に月を回った際に撮影された．大きく目立つ海の領域はモスコーの海で，東経146度，北緯25度に位置している．地平線にある大きいクレーターはIAU（国際天文学連合）No. 221．写真は宇宙船から北東を眺めたものである．

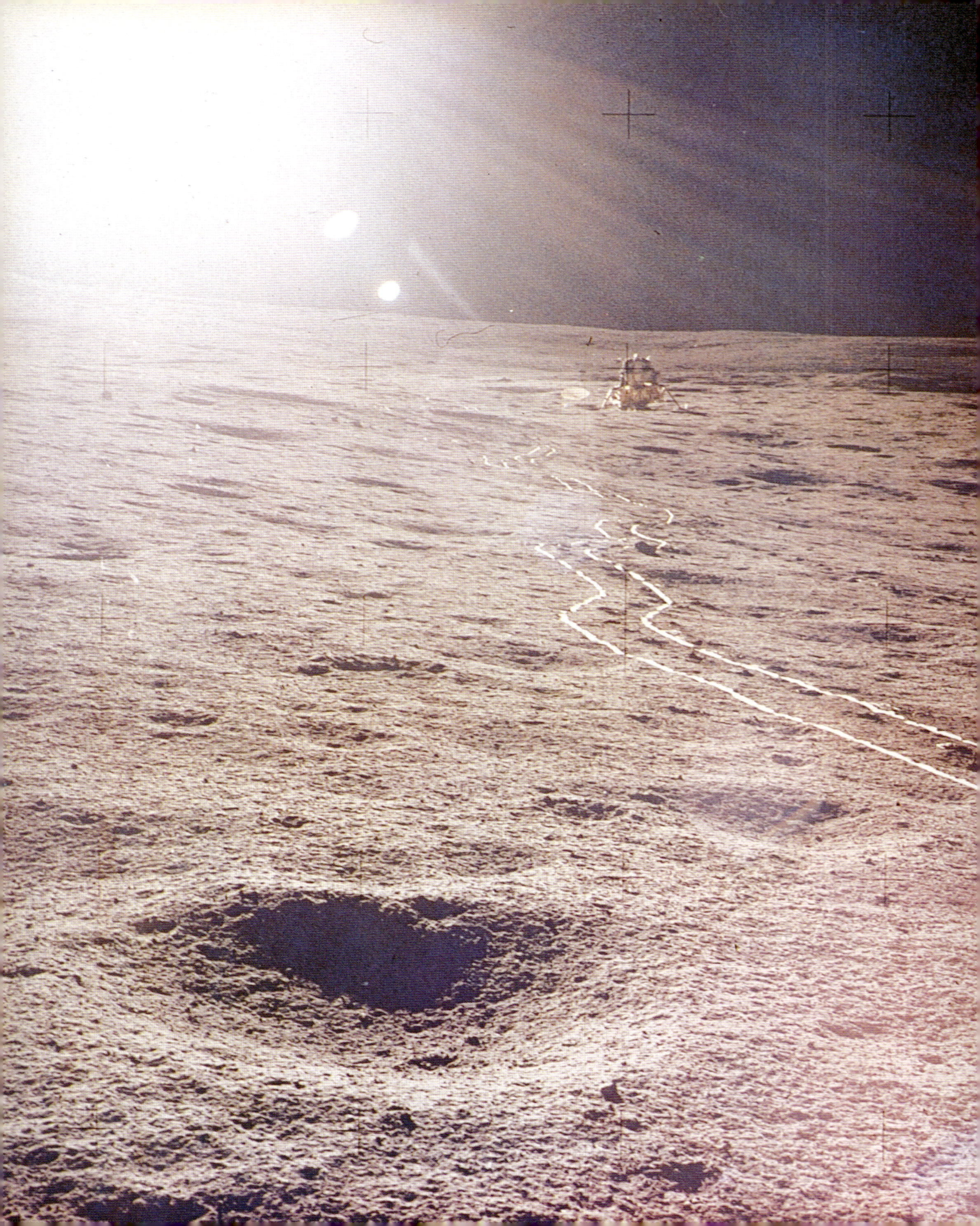

宇宙飛行士の2回目の船外活動中に撮影されたアポロ14号の月着陸船アンタレス．二輪の月面運搬車が残した車輪の跡が月着陸船からつづいているのが見られる．傘をさかさにしたようなSバンド・アンテナは着陸船の左にある．

アポロ14号から南を眺めたもので，デイヴィ・クレーター・チェインが見られる．アランB. シェパード船長とエドガー D. ミッチェル月着陸船操縦士を乗せた月着陸船はフラマウロ・クレーターの北領域にある高地に着陸し，スチュアート A. ルーサ司令船操縦士が乗る母船は月を周回した．シェパードとミッチェルは月面に33時間半滞在し，1971年2月5日と6日の2回の船外活動で8～10時間を費した．

四輪の月面車（ローバー）の車輪の跡，ブーツの足跡，および月面土壌にあけた穴のクローズアップ写真．アポロ15号はデビット R. スコット船長，アルフレッド M. ウォードン司令船操縦士，およびジェームズ B. アーウィン月着陸船操縦士をのせて1971年7月26日にケネディ宇宙センターから打ち上げられた．月着陸船ファルコンは7月30日にアペニン山脈とハドリー谷との間に着陸し，66時間55分滞在し，スコットとアーウィンの2人は月面車を使って3回，合計23km余を走って月面活動を行い，約77kgの岩石や土をもって，8月7日ハワイ北方500kmの太平洋上に着水した．

アポロ15号の月面実験パッケージ（ALSEP）が展開された地点．

月面におけるアポロ16号．ヤング船長が左方の月面車で作業中である．右は月着陸船である．

アポロ16号の第1回船外活動中に，アポロ月面実験パッケージ（ALSEP）を展開した場所に立つヤング船長．手前に展開されているのは月面磁力計である．中央右端に大きい岩が見えている．ヤング船長とデューク月着陸船操縦士はALSEP地域で岩石を採取した．この写真は70mmハッセルブラッド・カメラを用いてデュークが撮影した．

194

アポロ16号から見た月．東経120.5度，北緯5.5度付近を中心とするキング・クレーターの北西部を，月周回軌道にあるアポロ16号から斜めに見たものである．クレーターの床の北西半分と，キング・クレーターの複雑な中央突起峰の二つの尾根の北端が画面の左上の約4分の1を占めている．キング・クレーターとグイオ・クレーターの間にある直径100kmの無名のクレーター内の大きく滑らかな〝池″が写真の右上隅にのびている．キング・クレーターとオスワルド・クレーターの間にある直径80kmの無名のクレーターの南西縁が画面の下半分を占めている．

下の写真も上と同じ地域であり，おびただしい，滑らかな表面をもった堆積物がクレーターの内部に強い調子の床やでこぼこの壁のさまざまな層をなしてたまっているように見える．

月周回軌道にある母船から見たアポロ16号の月着陸船——月着陸船上昇部が月の表側のあらい地形上で母船に接近している．月面活動を終わった月着陸船には，ジョン W. ヤング船長とチャールズ M. デューク月着陸船操縦士が乗っている．母船には，この写真を撮影したトーマス K. マッティングリー司令船操縦士が乗っている．写真の中心部にはマクローリン地域のクレーターがいくつか見られる．月着陸船の真下の位置は，東経70度，南緯0.5度である．

月周回軌道にあるアポロ16号から撮影された，表側の縁に近い海の領域である．西-北西方向を斜めから眺めたもので，左下に位置しているのはゴダート・クレーターである．その南東端につづいて左下隅にはヤヌス・クレーターの一部が見える．アル・ビルニ・クレーターは右下端にある．中央右端に見られるのはハッブル・クレーターである．

最後の有人月飛行であるアポロ17号は1972年12月7日に打ち上げられ，そして12月19日に太平洋に着水帰還した．乗船は船長ユージン A．サーナン（海軍大佐，39歳），司令船操縦士ロナルド E．エバンス（海軍中佐，37歳），そして月着陸船操縦士ハリソン H．シュミット（37歳）である．サーナンとシュミットは月面のタウルス・リトロー地域に約75時間滞在し，月面車を用いて3回合計約22時間の月面活動を行い，115 kgの岩石を地球へ持ち帰った．月面滞在時間と月面活動時間はアポロ計画中で最高であった．なおシュミットは，ハーバード大学で地質学の学位をとったのち米国地質調査所宇宙地質学部門で研究に従事したアポロ宇宙飛行士中でただ一人の地質学者で，1965年宇宙飛行士のグループに加わった．

アポロ17号が着陸したタウルス・リトロー地域での3回目の船外活動中に，第6ステーションにおいて巨大な漂石の横で作業中の月着陸船操縦士で地質学者のシュミット．月面車の前部が左側に見えている．この写真はサーナン船長が撮影したものである．

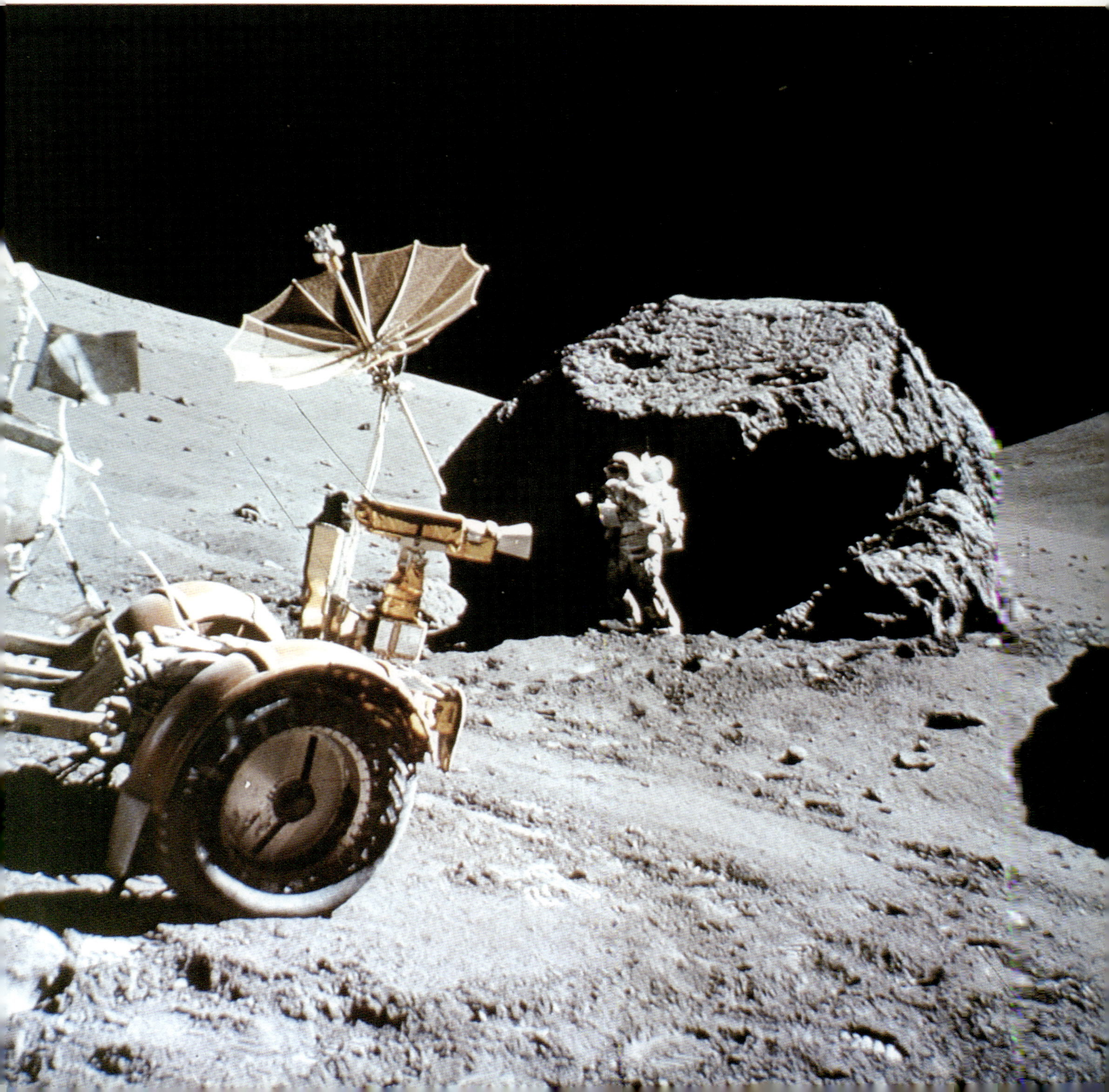

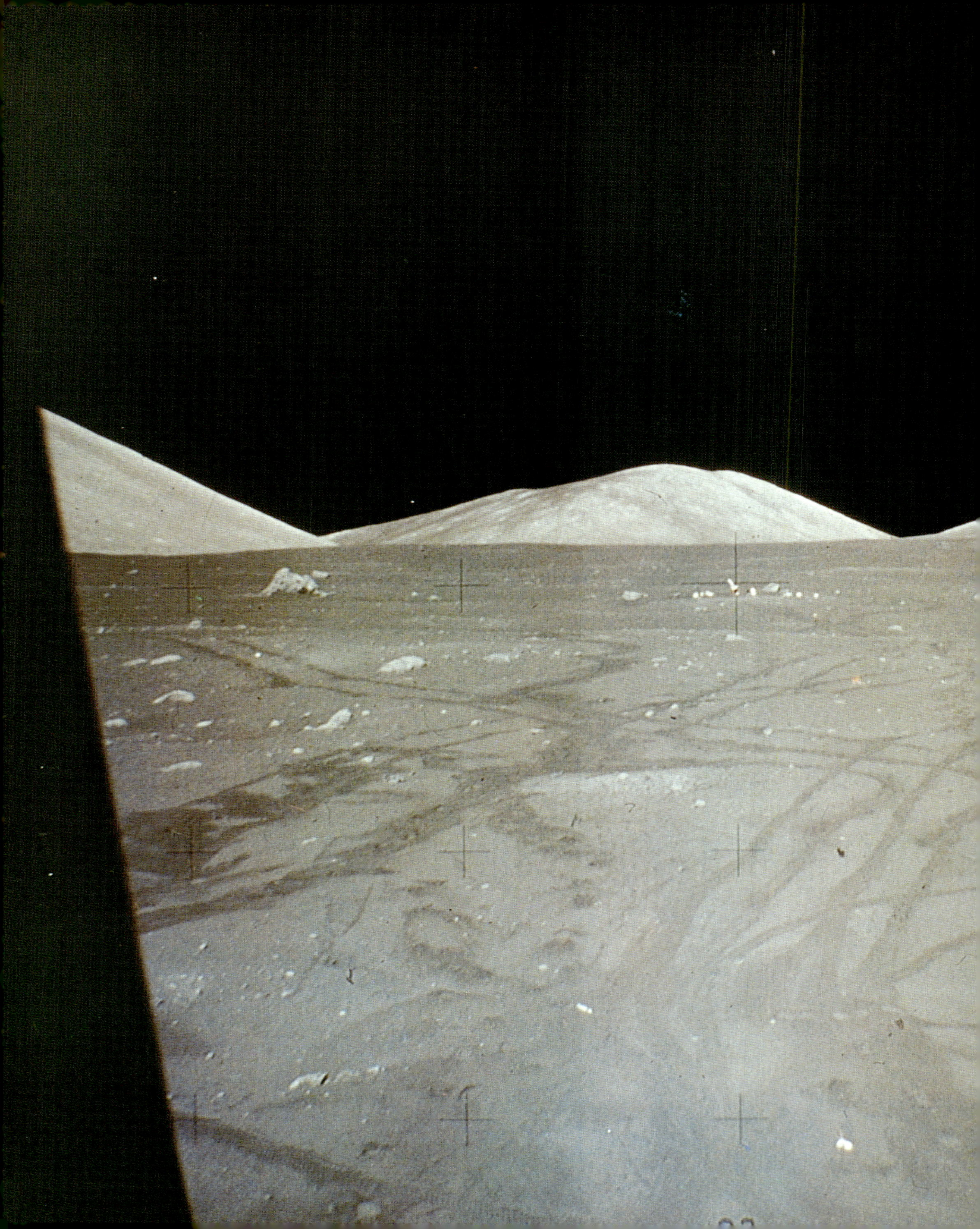

アポロ17号の着陸地点であるタウルス・リトロー山岳地域から見た西方向の眺めで，遠くにアポロ月面実験パッケージ（ALSEP）が見える．

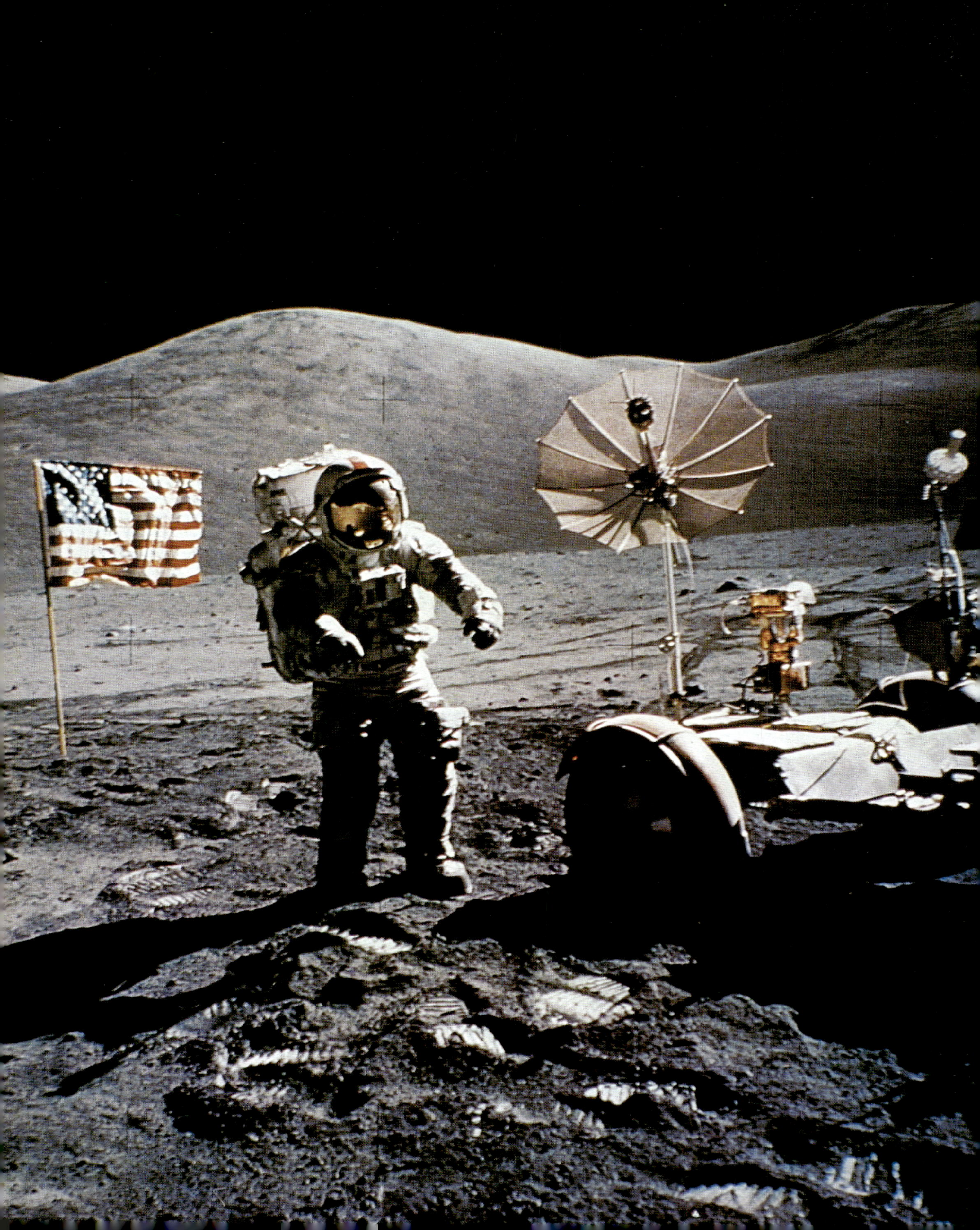

開いた米国旗を背後にローバー（四輪の月面車）に向かって歩くサーナン・アポロ17号船長．

多数の割れ目のはいった大きい漂石で，シュミットが詳細に調べた．

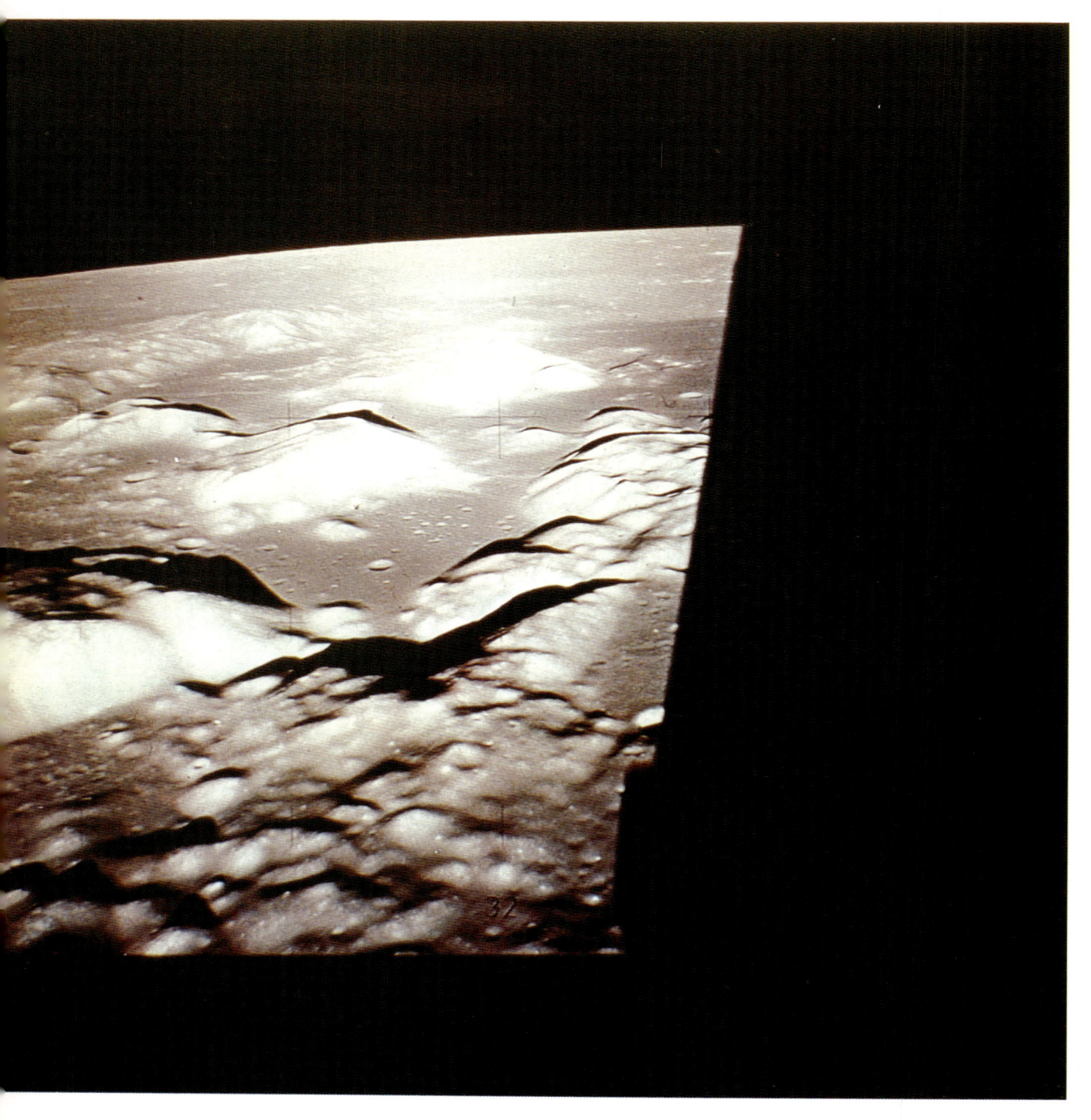

アポロ17号月着陸船から着陸前に眺めた着陸地点

アポロ17号が着陸したタウルス・リトロー地域において大きい漂石が見られる地域で，北東方向を眺めた写真である．

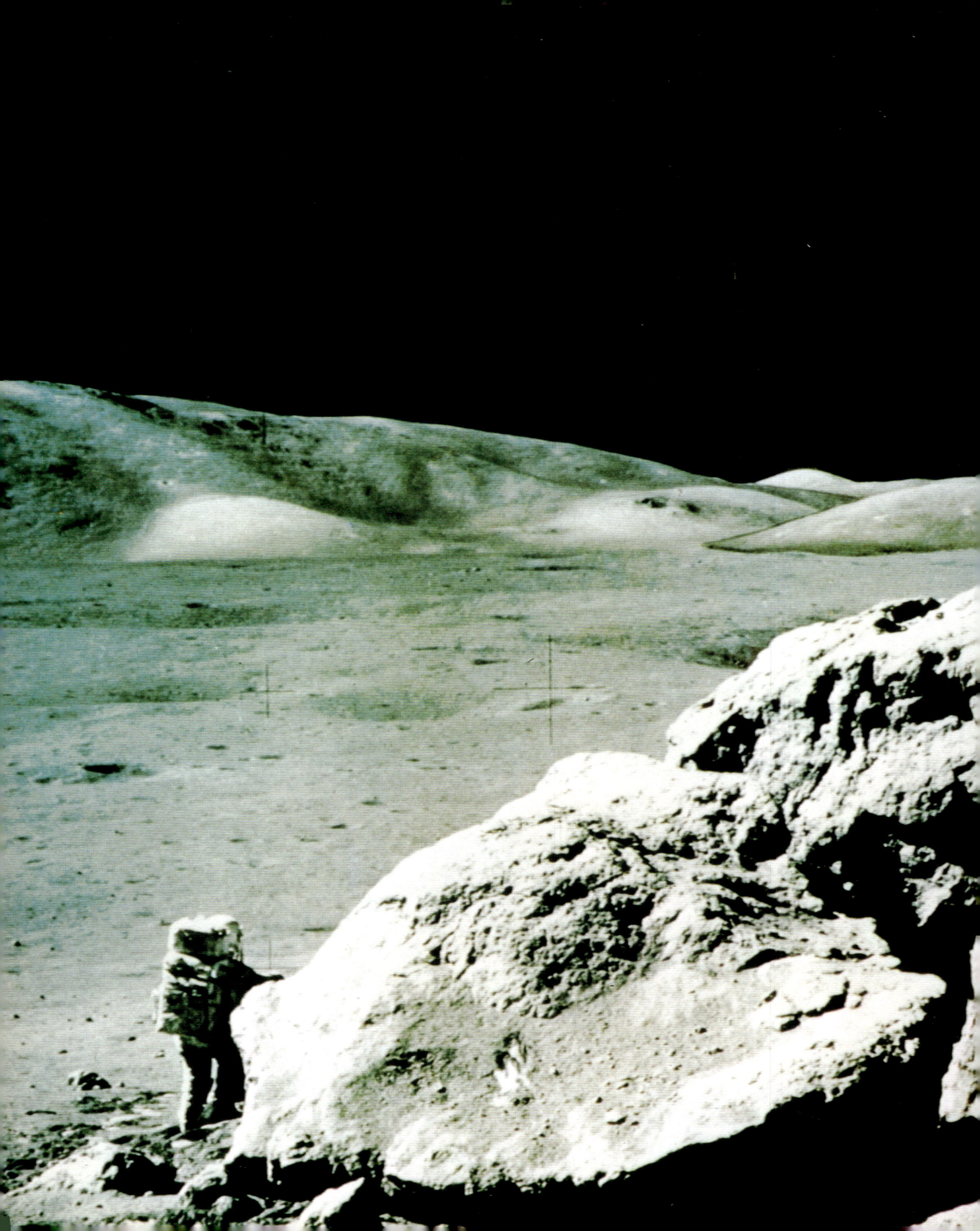

地質学者であるシュミットが、アポロ17号の3回目の月面車外活動の最中に巨大な割れた漂石の横に立っている。サーナン船長が撮影した写真である。サーナンと、シュミットが月面を探測するため月着陸船"チャレンジャー号"で月面に降りている間、司令船操縦士エバンスは月周回軌道にある母船（司令船－機械船）に残った。この写真は3枚の写真から合成された。

付　録

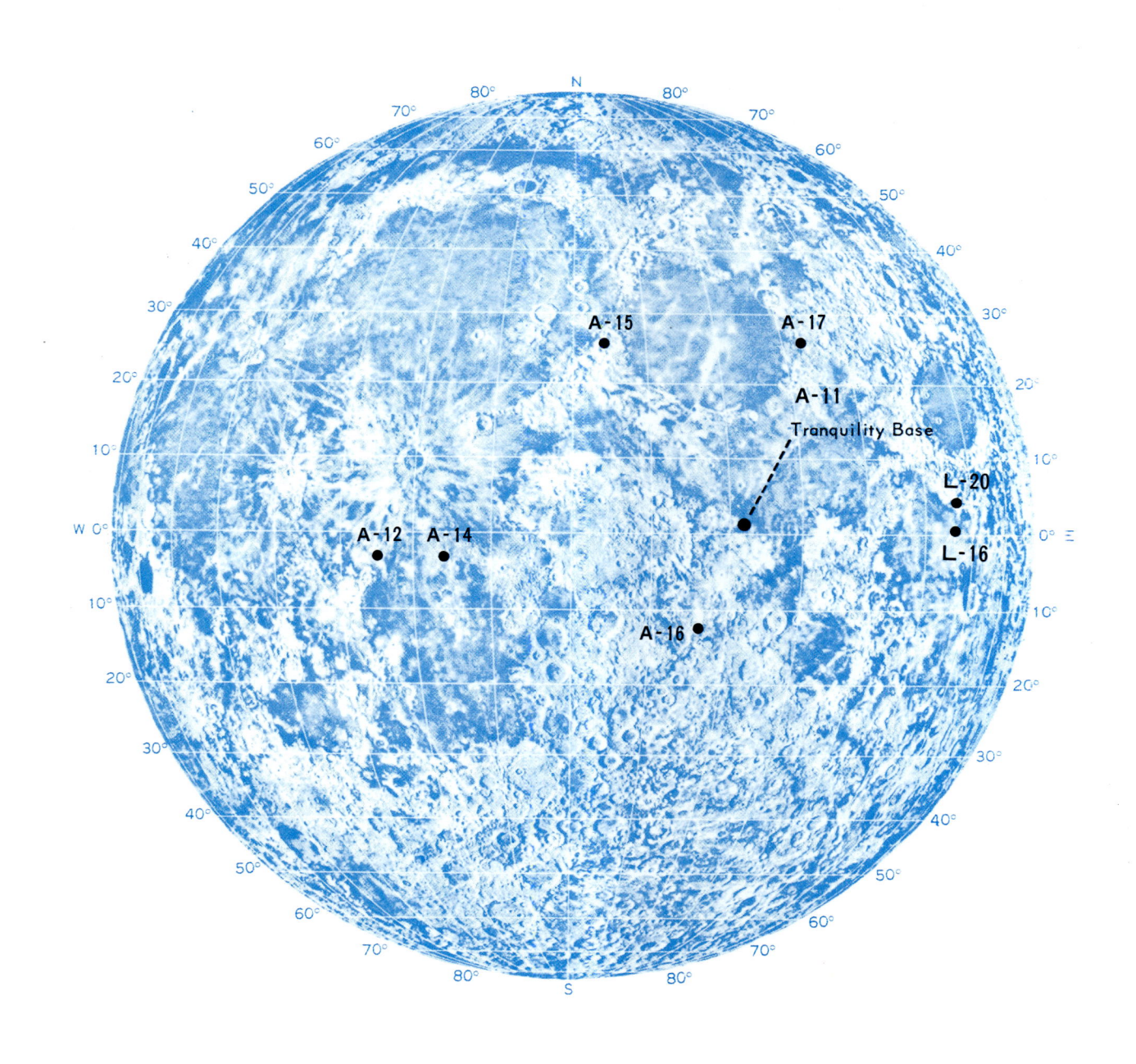

A-11からA-17はアポロ11～17号（13号は着陸しなかった）の月面での着陸地点を示す．L-16とL-20はソ連の月16号と月20号の着陸地点を示す．

月面図（表）

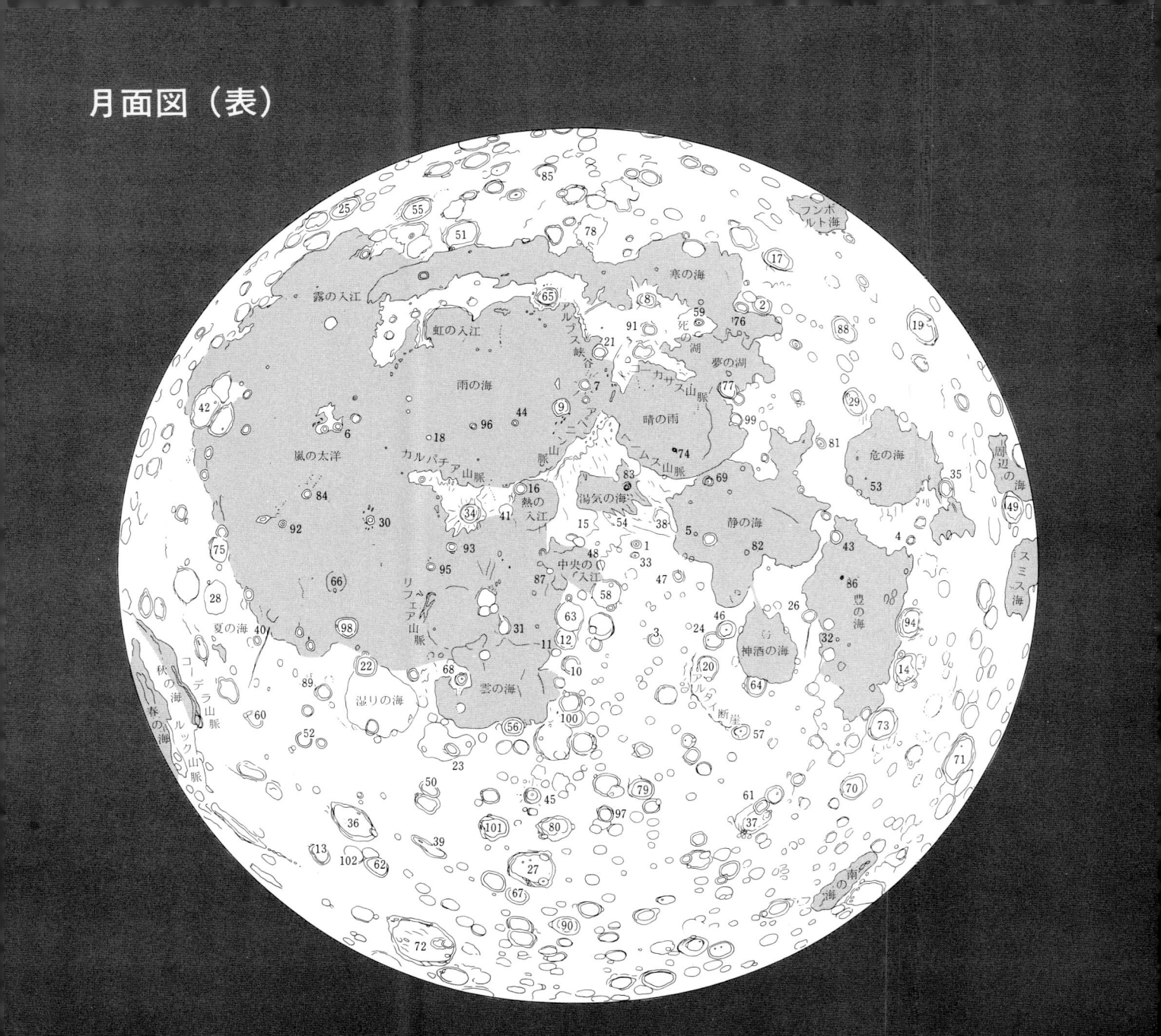

1 アグリッパ	14 ヴェンデリヌス	27 クラビウス	40 シルサリス	53 ピカール	66 フラムスティード
2 アトラス	15 ウケルト	28 グリマルジ	41 スタディウス	54 ヒギヌス	67 ブランカヌス
3 アブルフェダ	16 エラトステネス	29 クレオメデス	42 O. ストルーベ	55 ピタゴラス	68 ブリアルドス
4 アポロニウス	17 エンディミオン	30 ケプラー	43 タルンチウス	56 ピタトス	69 プリニウス
5 アラゴー	18 オイラー	31 ゲーリック	44 チモカリス	57 ピッコロミニ	70 フルネリウス
6 アリスタルカス	19 ガウス	32 ゴクレニウス	45 チコ	58 ヒッパルカス	71 フンボルト
7 アリスティルス	20 カタリナ	33 ゴダン	46 テオフィルス	59 ビュルク	72 ベイリー
8 アリストテレス	21 カシニ	34 コペルニクス	47 ドランブル	60 ビルギウス	73 ペタヴィウス
9 アルキメデス	22 ガッセンディ	35 コンドルセ	48 トリスネッカー	61 ファブリチウス	74 ベッセル
10 アルザッヘル	23 カブアヌス	36 シッカルト	49 ネーパー	62 フォリキデス	75 ヘベリウス
11 アルパテグニウス	24 キリルス	37 ジャンセン	50 ハインツェル	63 プトレメウス	76 ヘルクレス
12 アルフォンスス	25 クセノファネス	38 ジュリアス・シーザー	51 J. ハーシェル	64 フラカストリウス	77 ポシドニウス
13 インギラミ	26 グーテンベルグ	39 シラー	52 ピエタ	65 プラトー	78 W. ボンド

（裏）

79 マウロリクス	92 ライナー	1 アポロ	14 ゼーマン	27 ヘルツ
80 マギナス	93 ラインホルド	2 ヴェントリス	15 ゾンマーフェルド	28 ヘルツシュプルング
81 マクロビウス	94 ラングレヌス	3 オストワルド	16 ダランベール	29 ポアンカレー
82 マスクリン	95 ランスベルグ	4 オッペンハイマー	17 チェビシェフ	30 ポインチング
83 マニリウス	96 ランバード	5 ゴーリン	18 チオルコフスキー	31 ホーマン
84 マリウス	97 リセトス	6 ニンベル	19 ハウゼン	32 マッハ
85 ムーシェ	98 ルトロンヌ	7 ニーラー	20 パスツール	33 ミルン
86 メシエ	99 ルモニエ	8 クルチャトフ	21 バーコフ	34 メンデル
87 メースチング	100 レギオモンタヌス	9 コロレフ	22 ヒルベルト	35 メンデレエフ
88 メッサラ	101 ロンゴモンタヌス	10 コンプトン	23 ファブリー	36 ランダウ
89 メルセニウス	102 ワーゲンチン	11 シュバルツシルド	24 フェルスマン	37 ロッシ
90 モレトス		12 シュレーディンガー	25 プランク	38 ローランド
91 ユードクソス		13 ジョリオ	26 フレミング	39 ワイル

小社ではNASAの協力を得て「日本の衛星写真－人工衛星データの解析」,「われらの地球」,「火星－探査衛星写真」,「人工衛星写真リモートセンシング」,「世界－人工衛星写真集」とリモートセンシングの成果の数々を世に問うてきたが,今回,アポロ計画における月有人探測の写真を主体とした「月写真集」を刊行する．これは一昨年刊行した上記「火星－探査衛星写真」につづく天体写真第二集にあたる．

　アポロ計画における月観測は,月周辺のみならず,それが直接月面に降り立ったという点で画期的な意義を有する．本書は月周辺,月面上での撮影写真に加え,初期の月探測ロケットであるレンジャー,ルナ・オービター撮影の写真,さらに望遠鏡による月面写真も含めた,いわば望遠鏡からアポロまでともいうべき月写真集の総集編であり,決定版である．別の見方からすれば,人類の月観測の歴史を描き出した写真集ともいえる．

　月の神秘のヴェールははがされたが,逆に月が,科学的にいっそう我々人類に近づいてきた一つの証しでもある．こうした理解への一助を担うことが,自然科学書出版社である我が社の責務と信じ,本書を世におくる次第である．

朝　倉　書　店

訳者略歴

1925年　東京に生まれる
1946年　東京大学理学部天文学科卒業
1968年　東京大学教授（教養学部宇宙地球科学教室）
現　在　放送大学客員教授・理学博士

月　―写真集―	定価はカバーに表示

1978年5月1日　初版第1刷
2004年3月1日　　　第3刷（普及版）

訳　者　小　尾　信　彌
発行者　朝　倉　邦　造
発行所　株式会社　朝　倉　書　店
　　　　東京都新宿区新小川町6-29
　　　　郵便番号　162-8707
　　　　電　話　03(3260)0141
　　　　FAX　03(3268)1376
　　　　http://www.asakura.co.jp

〈検印省略〉

© 1978 〈無断複写・転載を禁ず〉　　　　大日本印刷・渡辺製本

ISBN 4-254-15002-4　C3044　　　　Printed in Japan

生命と地球の進化アトラス

I　地球の起源からシルル紀
A4変型判148ページ　定価（本体8500円＋税）
ISBN 4-254-16242-1 C3044

1　はじめに —— 地球史の始まり
地球の起源と特質
　●化石のでき方　●化学循環
生命の起源と特質
　●五つの界
始生代（45億5000万年前から25億年前）
　●藻類の進化
原生代（25億年前から5億4500万年前）
　●初期無脊椎動物の進化

2　古生代前期 —— 生命の爆発的進化
カンブリア紀（5億4500万年前から4億9000万年前）
　●節足動物の進化
オルドビス紀（4億9000万年前から4億4300万年前）
　●三葉虫類の進化
シルル紀（4億4300万年前から4億1700万年前）
　●脊索動物の進化

II　デボン紀から白亜紀
A4変型判148ページ　定価（本体8500円＋税）
ISBN 4-254-16243-X C3044

3　古生代後期 —— 生命の上陸
デボン紀（4億1700万年前から3億5400万年前）
　●魚類の進化
石炭紀前期（3億5400万年前から3億2400万年前）
　●両生類の進化
石炭紀後期（3億2400万年前から2億9500万年前）
　●昆虫類の進化
ペルム紀（2億9500万年前から2億4800万年前）
　●哺乳類型爬虫類の進化

4　中生代 —— 爬虫類が地球を支配
三畳紀（2億4800万年前から2億500万年前）
　●爬虫類の進化
ジュラ紀（2億500万年前から1億4400万年前）
　●アンモナイト類の進化　●恐竜類の進化
白亜紀（1億4400万年前から6500万年前）
　●顕花植物の進化　●鳥類の進化

III　第三紀から現代
A4変型判148ページ　定価（本体8500円＋税）
ISBN 4-254-16244-8 C3044

5　第三紀 —— 哺乳類の台頭
古第三紀（6500万年前から2400万年前）
　●哺乳類の進化　●食肉類の進化
新第三紀（2400万年前から180万年前）
　●有蹄類の進化　●霊長類の進化

6　第四紀 —— 現代に至るまで
更新世（180万年前から1万年前）
　●人類の進化
完新世（1万年前から現在まで）
　●現代における絶滅

定価は2004年2月現在

朝倉書店
〒162-8707　東京都新宿区新小川町6-29／振替00160-9-8673
電話03-3260-7631／FAX03-3260-0180
http://www.asakura.co.jp　eigyo@asakura.co.jp